网络组建及应用

主　编　支　元　彭文华

副主编　韩红章

参　编　王登科　王　飞

　　　　殷轶璺　张　冉

主　审　吴访升

北京理工大学出版社

BEIJING INSTITUTE OF TECHNOLOGY PRESS

内容简介

本书以路由技术工程、交换机技术工程、网络性能优化工程、无线局域网工程、企业网络案例综合实施工程等的施工为主线，选取企业典型工作任务，开展基于工作过程的技能训练。全书主要内容包括5个模块、13个项目、30个工单任务。

本书可作为计算机专业相关课程教材，也可供网络爱好者阅读和参考。

图书在版编目（CIP）数据

网络组建及应用 / 支元，彭文华主编 . -- 北京：北京理工大学出版社，2023.3

ISBN 978-7-5763-2033-6

Ⅰ.①网… Ⅱ.①支… ②彭… Ⅲ.①计算机网络 Ⅳ.①TP393

中国国家版本馆 CIP 数据核字（2023）第 008120 号

出版发行 / 北京理工大学出版社有限责任公司
社　　址 / 北京市海淀区中关村南大街 5 号
邮　　编 / 100081
电　　话 /（010）68914775（总编室）
（010）82562903（教材售后服务热线）
（010）68944723（其他图书服务热线）
网　　址 / http://www.bitpress.com.cn
经　　销 / 全国各地新华书店
印　　刷 / 定州市新华印刷有限公司
开　　本 / 889 毫米 ×1194 毫米　1/16
印　　张 / 13
字　　数 / 259 千字
版　　次 / 2023 年 3 月第 1 版　2023 年 3 月第 1 次印刷
定　　价 / 79.00 元

责任编辑 / 张荣君
文案编辑 / 张荣君
责任校对 / 周瑞红
责任印制 / 边心超

前言

PREFACE

教育、科技、人才是全面建设社会主义现代化国家的基础性、战略性支撑。必须坚持科技是第一生产力、人才是第一资源、创新是第一动力。本书围绕计算机网络技术，深入浅出地介绍了计算机网络组建的知识和技能，将为党育人，为国育才作为教学的根本，让学生在项目式体验中感悟技术的创造力，落实培养创新文化、弘扬科学家精神，引导学生爱党报国、敬业奉献、服务人民、为建设网络强国和数字中国而努力。

“网络组建与应用”是计算机网络专业的核心课程。本书基于任务驱动、项目导向、问题导向的教学模式，体现了“做中学，学中做”的教学特色。本书实现校企“双元”编写，内容丰富并注重实践性和可操作性，便于读者快速入门。本书特点在于：一是基于计算机网络工程岗位 / 岗位群需求进行教学项目、工单的设计，采用了项目工单任务进行教学编排；二是在对应职业资格或技能等级相关要求上，教材内容与 CCNA 或 HCNE 等企业网络工程师的认证内容对接，与实际项目施工内容紧密相联；三是结合专业建设及技术与经济发展，在产教融合、科教融汇、适应 1+X 改革需要、手册式教材开发、思政融通等方面有所创新。

本书根据计算机网络组建的实际工作过程中所需要的知识和技能，整合为 5 个模块、13 个项目、30 个工单任务。内容以交换机技术工程、路由技术工程、网络性能优化工程、无线网络技术工程、企业网络案例综合实施工程等施工为主线，选取企业典型工作过程，开展基于工过程的技能训练。本书可以用作院校计算机网络技术专业的专业教学用书。本书条理清晰，难度适中，理论结合实际，建议采用机房现场演示的形式，加强实践教学环节的训练，建议课时为 68–96 课时，教师可根据教学目标、学生基础等实际情况对课时进行适当增减，同时增加一个课程设计（28–40 课时），具体课时分配可参考下面的课时分配表。

模块	名称	建议学时
模块一	路由技术	16
模块二	交换机技术	12
模块三	网络性能优化	20
模块四	无线局域网	8
模块五	综合实验	12
课程设计		0–28
合计课时		68–96

本书由支元、彭文华担任主编，韩红章担任副主编。参与本书编写的还有王登科、王飞、殷轶罂，企业专家张冉，全书由吴访升教授主审。感谢广大选用本教材的老师和同学们的认可，同时感谢在本教材编写、审核、出版过程中给予支持和帮助的所有专家和老师们。

由于编者水平有限，教材中难免存在疏漏和不足之处，敬请广大教师和学生批评和 指正，我们将在教材修订时改进。可通过联系电话:（010）68944842，联系邮箱: bitpress_zzfs@bitpress.com.cn。

编　者

CONTENTS

模块一 路由技术

【模块引言】

路由，即为数据在网络通道中寻路导径的技术，确保数据在网络中顺利、可靠的传输。路由技术主要是指路由选择算法、因特网的路由选择协议的特点及分类。 其中，路由选择算法可以分为静态路由选择算法和动态路由选择算法。因特网的路由选择协议属于自适应的选择协议，是分布式路由选择协议。本模块将从网络地址规划开始，着重学习路由器这个网络设备的原理和使用。

【学习目标】

知识目标:

- 了解路由技术的基本种类和工作原理。
- 掌握网络 IP 地址的设计规范和计算方法。
- 学习基本静态路由和动态路由的配置方法。

能力目标:

- 能够根据项目需求正确分析、合理规划网络的 IP 地址。
- 会熟练使用各种路由技术配置网络设备。
- 能够读懂基本网络故障问题，会使用命令分析网络故障并排故。

素质目标:

- 引导学生合理地规划 IP 地址，培养学生的节约观念和创新意识。
- 强调核心设备的重要性，培养学生的核心意识。
- 培养学生自主学习、独立工作过程中的信心、耐心、专心和责任心。

项目一

学习路由器的基本配置

工单任务1　规划网络IP地址

一、工作准备

做一做

右击“网络”属性，找到“本地连接”，右击属性，选择“常规”标签中的“TCP/IP 协议”，TCP/IP 属性参数设置如图 1–1 所示。

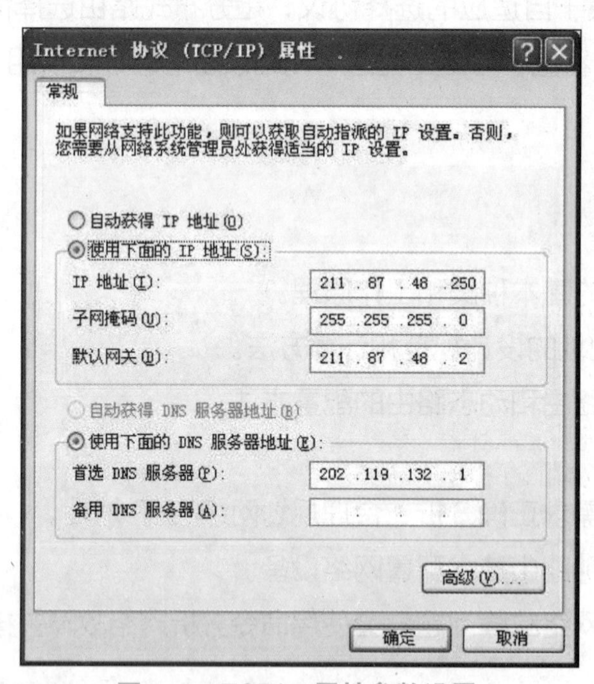

图 1–1　TCP/IP 属性参数设置

想一想

1. 图 1–1 中给出的 IP 地址是什么类型？它的网络地址和主机地址各是多少？

2. 图 1–1 中计算机的子网掩码是多少？如果将该计算机的子网掩码修改为 255.255.255.240，那么该主机的网络地址和主机地址又各是多少？

填一填

某网络科技公司有技术部、市场部、客服部和财务部 4 个部门，网络管理员使用内网地址 192.168.10.0/24 将各个部门划分成 4 个相互独立的逻辑子网。请回答以下问题。

①该公司申请的 IP 地址为__________类地址。

②该公司内部网络的子网掩码应设置为__________。

③经理室的 IP 地址范围为 210.85.31.17~__________。

二、任务描述

任务场景

某公司有生产部、技术部、销售部、人事部和财务部 5 个部门，每个部门有 2 台计算机。现需组建内部网络，公司向 ISP 申请的网络地址为 210.85.31.0，为了提高网络性能，将各个部门划分成相互独立的逻辑子网，要求生产部的计算机处于子网 1 中，技术部的计算机处于子网 2 中，依次类推，最后财务部的计算机处于子网 5 中，如图 1–2 所示。

施工拓扑

施工拓扑图如图 1–2 所示。

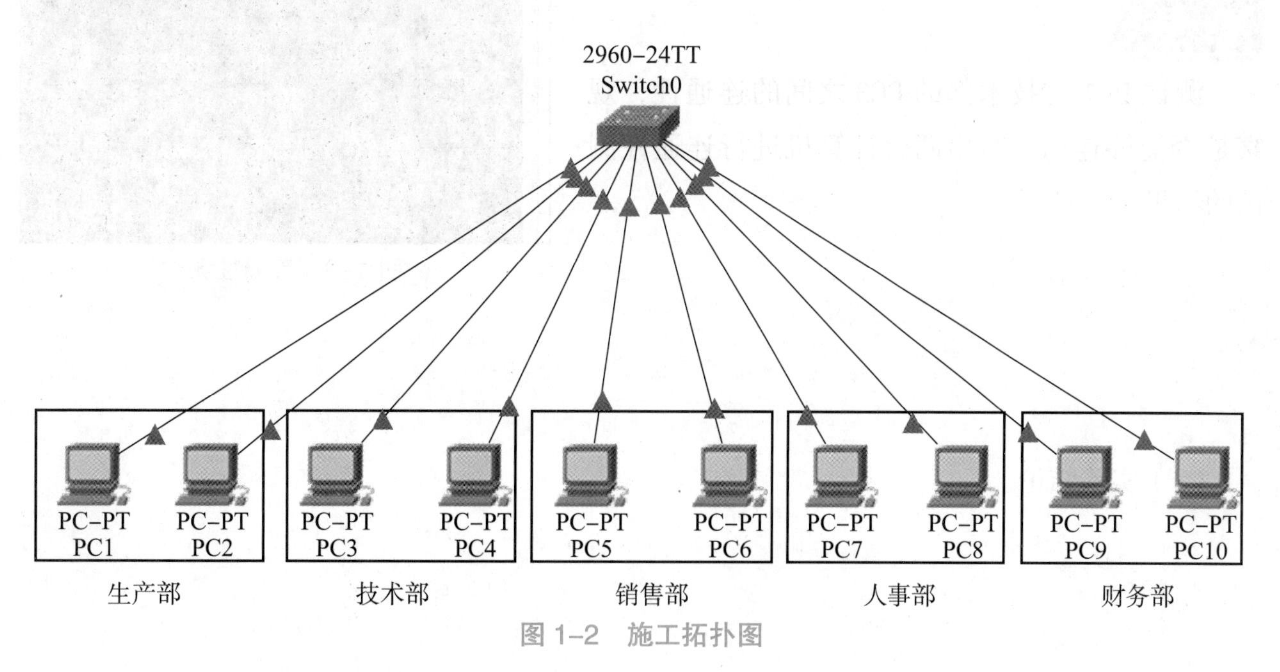

图 1–2　施工拓扑图

设备环境

本实验采用 Packet Tracer 进行实验，使用交换机型号为 Switch-2960，数量为 1 台，计算机 10 台。

三、任务实施

（1）使用 Packet Tracer 模拟器搭建拓扑结构图，交换机型号为 Switch-2960。

（2）规划各主机的 IP 地址。选取每个部门中第一个和最后一个 IP 地址分配给图 1-2 中各主机。填写表 1-1。

表 1-1 IP 地址分配表

部门	网络地址	IP 地址范围	子网掩码	广播地址
生产部	210.85.31.16	210.85.31.17~210.85.31.30	255.255.255.240	210.85.31.31
技术部	210.85.31.32			
销售部				
人事部				
财务部				

（3）测试。在生产部的 PC1 中与同一部门的 PC2 进行连通性测试。

图 1-3 说明两台计算机之间实现了测试连接。

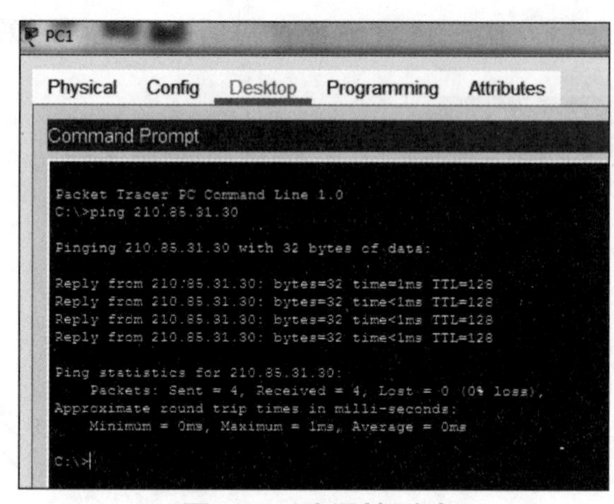

图 1-3 连通性测试

写一写

测试 PC1 与技术部的 PC3 之间的连通性，观察是否能够连通。写出两台计算机进行连通性测试的结果。

（4）实验结论。

四、任务评价

评价项目	评价内容	参考分	评价标准	得分
拓扑图绘制	选择正确的连接线 选择正确的端口	20	选择正确的连接线，10分 选择正确的端口，10分	
IP地址规划	计算各部门的网段地址 计算各部门的IP范围 计算各部门的子网掩码 计算各部门的广播地址	45	计算各部门的网段地址，10分 计算各部门的IP范围，15分 计算各部门的子网掩码，10分 计算各部门的广播地址，10分	
验证测试	会进行连通性测试 能读懂测试信息	20	进行连通性测试，10分 根据测试信息分析结果，10分	
职业素养	任务单填写齐全、整洁、无误	15	任务单填写齐全、工整，5分 任务单填写无误，10分	

五、相关知识

1. IP地址的格式

从地址10001110.01011111.00010101.10001000中可以看出：①它由32位的无符号二进制数组成；②用×.×.×.×表示，每个×为8位，对应的十进制取值为0~255。所以上述地址用十进制表示为142.47.21.136。

IP地址可以分为网络地址和主机地址两部分，如图1-4所示。

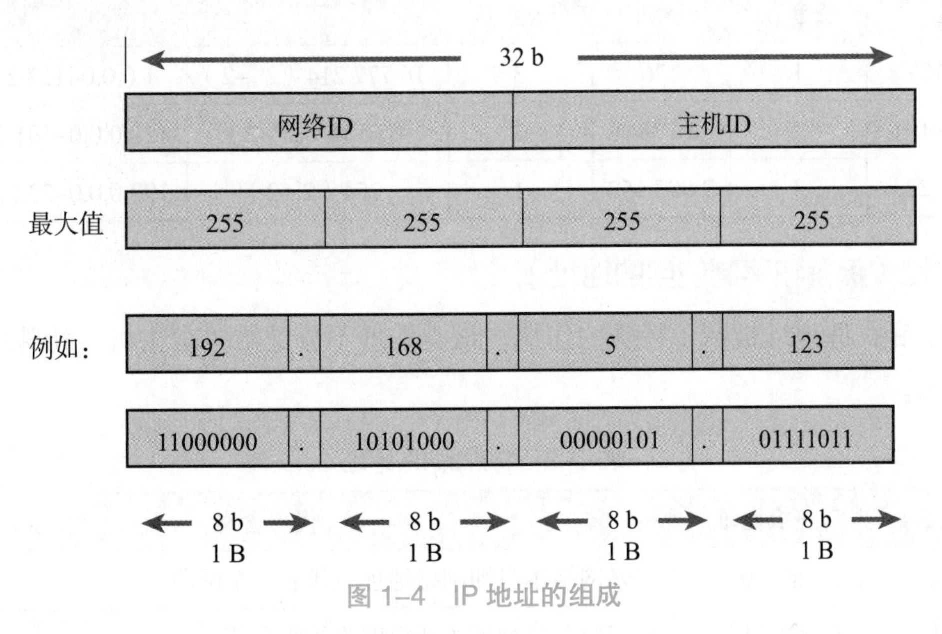

图1-4　IP地址的组成

其中网络地址用来标识一个物理网络，主机地址用来标识这个网络中的一台主机。

地址的结构使IP网络的寻址分两步进行：①先按地址中的网络ID（Net-ID）把网络找到；②再按主机地址中的主机ID（Host-ID）把主机找到。

2. IP 地址的类型

如图 1–5 所示，IP 地址分为 5 类，即 A~E 类。

当遇到二进制形式的 IP 地址时，可以根据图 1–5 所示的方法，即采用二进制“特征位”的方法来判断 IP 地址的类型，同时获得其他相关信息，但多数情况下看到的 IP 地址并非二进制的，而是十进制的，这时可以采用表 1–2 中十进制的形式快速判断 IP 地址的类型并获得其他相关信息。

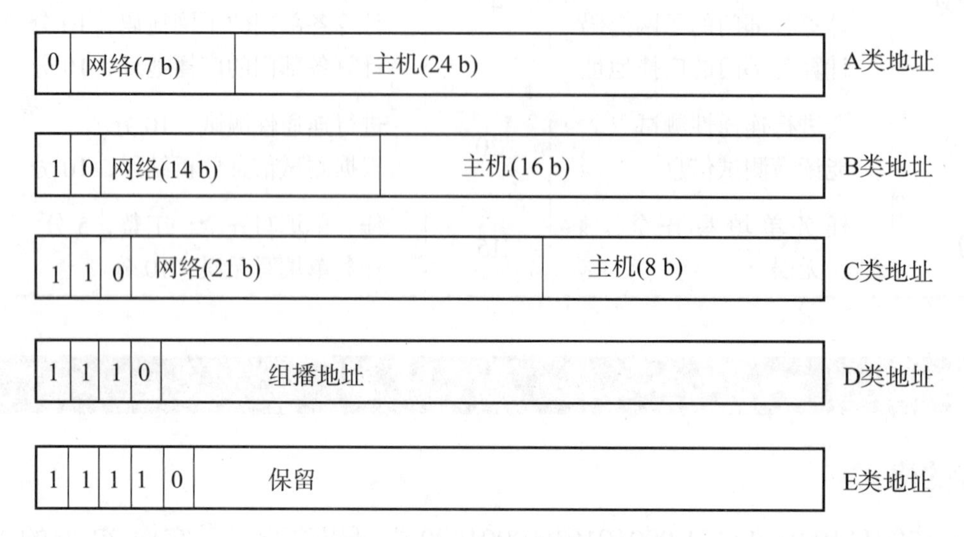

图 1–5　IP 地址的分类

表 1–2　A~C 类 IP 地址知识汇总表

类型	首字节值	网络地址长度 /B	可使用网络数	主机地址长度 /B	网络主机数	地址范围
A	0~127	1	126	3	16 777 214（2^{24}–2）	1.0.0.0~127.255.255.255
B	128~191	2	16 384	2	65 534（2^{16}–2）	128.0.0.0~191.255.255.255
C	192~223	3	2 097 152	1	254（2^{8}–2）	192.0.0.0~223.255.255.255

3. 特殊的地址（保留和限制使用的地址）

在地址中有一些地址被赋予特殊的作用，该类地址不分配给单个主机。特殊形式的地址如表 1–3 所示。

表 1–3　特殊的 IP 地址

网络地址	主机地址	代表含义
任意地址	全“0”	是网络本身即网络地址，代表一个网段
任意地址	全“1”	定向广播地址（特定网段的所有节点）
全“1”，即 255.255.255.255		本地网络广播地址（本网段所有节点）
全“0”，即 0.0.0.0		本网主机地址，通常用于指定默认路由器

续表

网络地址	主机地址	代表含义
127	任意地址	回送地址，用于网络软件测试和本地机进程间通信。任何程序使用回送地址发送数据时，计算机的协议软件将该数据返回，不进行任何网络传输

由表 1–3 可知，主机地址全为 0，表示该地址不分配给单个主机，而是指网络本身；主机地址全为 1，表示定向广播地址；网络地址全为 1，表示回送地址，用于网络软件测试和本地进程间通信。

4. 掩码的编码及应用

（1）编码方法。掩码的对应于 IP 地址的网络 ID 的所有位都设为“1”，掩码的对应于主机 ID 的所有位都设为“0”。

（2）默认掩码。只要知道了 IP 地址中网络 ID 和主机 ID 的占位情况，就可以快速地算出对应 IP 地址所对应的掩码。根据已经分析过的 A、B、C 三类 IP 地址的网络 ID 和主机 ID 的占位情况，就可以计算出 A、B、C 三类网络默认的子网掩码，如图 1–6 所示。

A类子网掩码	11111111	00000000	00000000	00000000
	255	0	0	0
B类子网掩码	11111111	11111111	00000000	00000000
	255	255	0	0
C类子网掩码	11111111	11111111	11111111	00000000
	255	255	255	00000000

图 1–6　A、B、C 三类网络默认的子网掩码

由图 1–6 可知，掩码中连续为“1”的部分定位网络号，连续为“0”的部分定位主机号。

（3）利用 IP 地址和掩码定位设备所在网络。若已知设备的 IP 地址与其掩码，能否定位该设备所在的网络？答案是肯定的。方法为：将二者做与操作就能确定设备所在的网络，即 IP 地址 AND MASK=Net–ID。该方法对于未做子网划分和做过子网划分的情况均适用。

5. 理解子网划分的原理（运用子网掩码划分子网）

（1）分析子网分割的原理（图 1–7）。

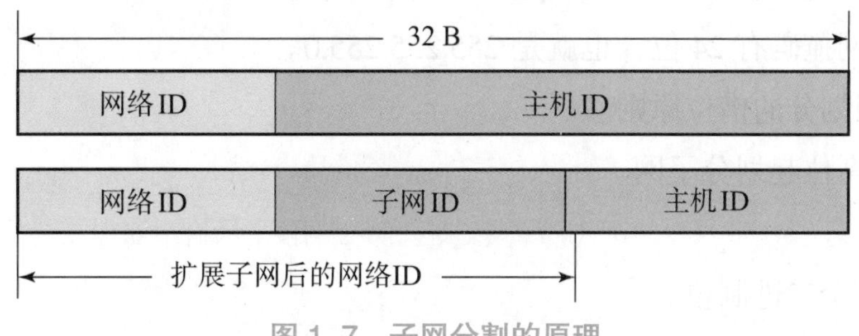

图 1–7　子网分割的原理

①将主机 ID 进一步划分为子网 ID 和主机 ID。

②通过子网掩码来区分 IP 地址的网络部分和主机部分。

根据新的网络 ID 及主机 ID，可以算出子网划分后对应的子网掩码（Sub-Mask），如图 1-8 所示。

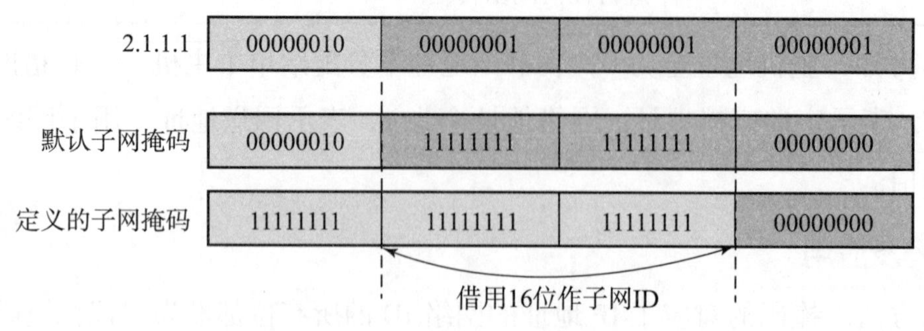

图 1-8　子网掩码的借位

【备注】子网分割，即把原来的主机地址部分的高位部分分割成子网号，其余位作为主机号。因此，子网分割以后的 IP 地址的组成为：网络地址 + 子网地址 + 主机地址。

（2）子网掩码的表示方法。从图 1-9 中可以看到未做子网划分时的子网掩码和做子网划分后的子网掩码的表示。

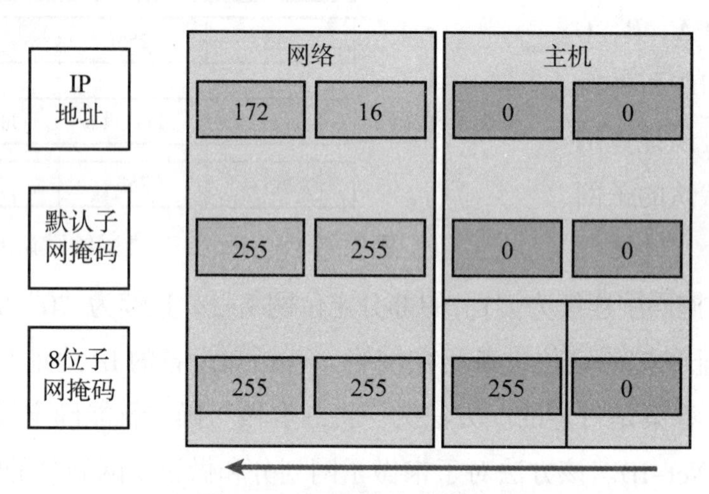

图 1-9　子网划分后的掩码

【备注】

"/16" 表示子网掩码有 16 位，也就是 255.255.0.0。

"/24" 表示子网掩码有 24 位，也就是 255.255.255.0。

（3）厘清子网划分的借位原则。

①从主机 ID 高位起划分子网。

②借位连续。

③至少要借两个二进制位。

④子网 ID 不能全为 0。

⑤子网 ID 不能全为 1。

（4）运用子网掩码计算子网划分后的网络 ID。利用 IP 地址和掩码能定位设备所在网络，即网络 ID，IP 地址 AND MASK=Net-ID。

示例如图 1-10 所示。

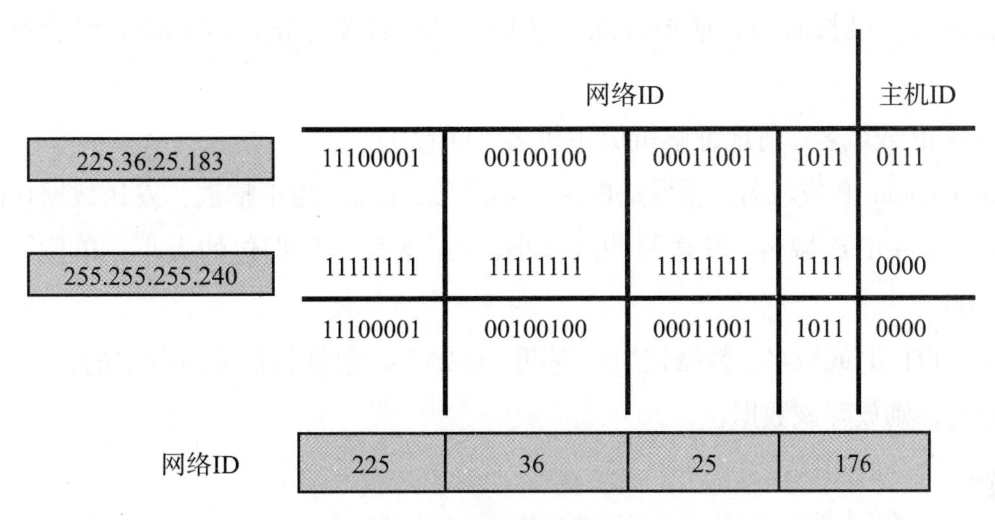

图 1-10　示例

划分子网后，可以通过图 1-9 所示的方法获得 IP 地址所在的子网。

（5）确定子网划分后的广播地址。子网划分以后，每个子网都有自己的广播地址，可以同时向同一子网所有主机发送报文。如图 1-11 所示，网络 169.10.0.0 被划分成 4 个子网，即 169.10.1.0、169.10.2.0、169.10.3.0 和 169.10.4.0。

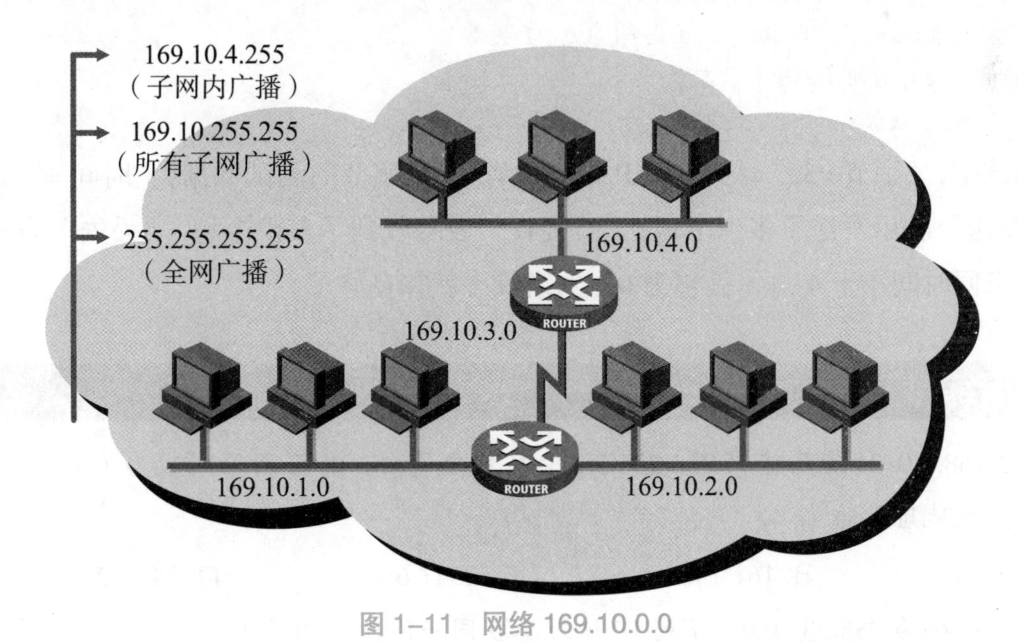

图 1-11　网络 169.10.0.0

6. ping 命令介绍

（1）ping 命令的原理。本机创建一个数据包发送给（ping 对象）目标 IP，目标接收后，返回给本机一个完全一样的数据包。

（2）ping 命令的作用。根据 ping 命令的原理，ping 命令常用于检查本地与目标服务器之间的网络是否畅通。

（3）ping 命令参数详解（DOS 命令输入 ping 后，按 Enter 键即可调出参数列表）。

① ping–t IP 或域名：一直 ping 下去。按 Ctrl+Break 组合键会统计当前 ping 的发包数、接包数、丢包数、最长时间、最短时间、平均时间；若要停止，按 Ctrl+C 组合键停止 ping 命令发包。

② ping–a IP 或域名：将地址解析成主机名（昵称）。

③ ping–n count IP 或域名：要发送的回显请求数，count 为正整数，发送数据包的数量。

④ ping–l size IP 或域名：发送缓冲区大小，size 为发送数据包的大小，单位为字节，范围为 0~65 500。

⑤ ping–i TTL IP 或域名：数据包生存周期（0~255），数据包传输过程中的经过节点数量，若超过该数量，则放弃该数据包。

（4）ping 命令的测试：

```
C:\Users\13405>ping 192.168.200.254
正在 ping 192.168.200.254 具有 32 字节的数据:
来自 192.168.200.254 的回复: 字节 =32 时间 =3 ms TTL=255
来自 192.168.200.254 的回复: 字节 =32 时间 =4 ms TTL=255
来自 192.168.200.254 的回复: 字节 =32 时间 =4 ms TTL=255
来自 192.168.200.254 的回复: 字节 =32 时间 =2 ms TTL=255
192.168.200.254 的 ping 统计信息:
数据包: 已发送 =4, 已接收 =4, 丢失 =0 (0% 丢失)
往返行程的估计时间 (以毫秒为单位):
最短 =2 ms, 最长 =4 ms, 平均 =3 ms
```

在测试中，“字节 =32”表示 ICMP 报文中有 32 个字节的测试数据，“时间 =”是往返时间。“已发送”表示发送了多少个包、“已接收”表示收到了多少个包、“丢失”表示丢包率是多少。来回时间小于 4 ms，丢包为 0，网络状态就算良好了。

六、课后练习

1. 192.168.1.0/24 使用掩码 255.255.255.240 划分子网，其可用子网数为（　　），每个子网内可用主机地址数为（　　）。

A. 14；14　　B. 16；14　　C. 254；6　　D. 14；62

2. 子网掩码为 255.255.0.0，下列 IP 地址不在同一网段中的是（　　）。

A. 172.25.15.201　　B. 172.25.16.15　　C. 172.16.25.16　　D. 172.25.201.15

3. B 类地址子网掩码为 255.255.255.248，则每个子网内可用主机地址数为（　　）。

A. 10　　B. 8　　C. 6　　D. 4

4. 对于 C 类 IP 地址，子网掩码为 255.255.255.248，则能提供子网数为（　　）。

A. 16　　B. 32　　C. 30　　D. 128

工单任务2　配置直连路由

一、工作准备

想一想

1. 直连路由之间使用哪种类型的网线?

2. 用路由器连接的两台主机 IP 地址有哪些特点?

二、任务描述

任务场景

在 R1 路由上配置直连路由实现 PC1 与 PC2 之间的相互通信。设置 R1 路由器的 F0/0 和 F1/0 接口的 IP 地址分别为 192.168.10.1/24 和 192.168.20.1/24，如图 1-12 所示。

施工拓扑

施工拓扑图如图 1-12 所示。

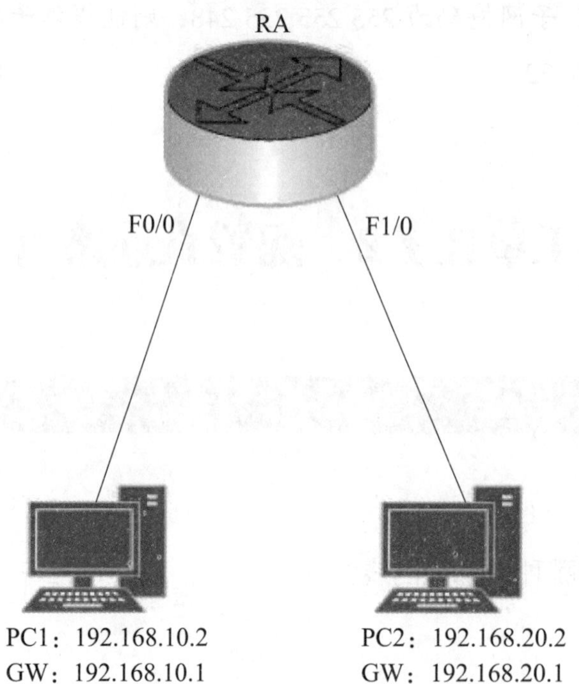

图 1-12　施工拓扑图

设备环境

本实验采用 Packet Tracer 进行实验，使用路由器型号为 Router-PT，数量为 1 台，计算机 2 台。

三、任务实施

（1）使用 Packet Tracer 搭建好拓扑图，使用路由器的型号为 Router-PT。

（2）根据拓扑要求配置 PC1 和 PC2 主机的 IP 地址，如图 1-13 和图 1-14 所示。

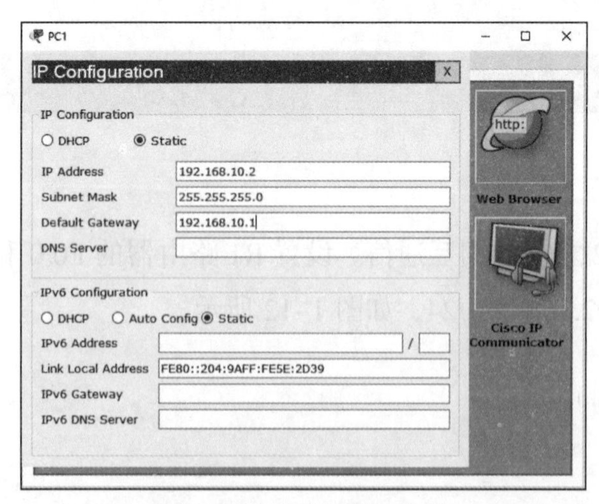

图 1-13　PC1 配置信息

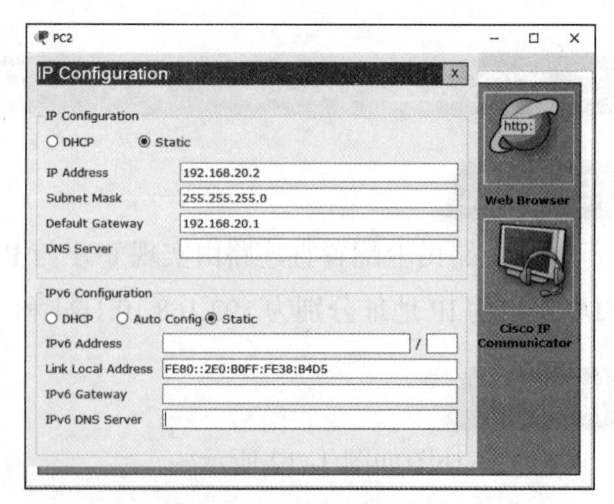

图 1-14　PC2 配置信息

（3）对路由器 RA 进行配置。

路由器设备名称配置：

```
Router>
Router>enable                                    # 进入特权模式
Router#configure terminal                        # 进入全局配置模式
Router(config)#hostname RA                       # 配置设备名称
```

路由器端口的基本配置：

```
RA(config)#interface fastEthernet 0/0
RA(config-if)#ip address 192.168.10.1 255.255.255.0
RA(config-if)#no shutdown
RA(config-if)#exit
RA(config)#interface fastEthernet 1/0
RA(config-if)#ip address 192.168.20.1 255.255.255.0
RA(config-if)#no shutdown
```

查看路由器的路由表：

```
RA#show ip route
Codes: C-connected, S-static, I-IGRP, R-RIP, M-mobile, B-BGP
   D-EIGRP, EX-EIGRP external, O-OSPF, IA-OSPF inter area
   N1-OSPF NSSA external type 1, N2-OSPF NSSA external type 2

   E1-OSPF external type 1, E2-OSPF external type 2, E-EGP
   i-IS-IS, L1-IS-IS level-1, L2-IS-IS level-2, ia-IS-IS inter area
   *-candidate default, U-per-user static route, o-ODR
   P-periodic downloaded static route

Gateway of last resort is not set

C    192.168.10.0/24 is directly connected, FastEthernet0/0
C    192.168.20.0/24 is directly connected, FastEthernet1/0
```

这里符号“C”表示直连路由，也就是通过开启端口自动生成的路由信息。本台路由的网段分别为 192.168.10.0/24 和 192.168.20.0/24。

（4）在 RA 路由器上做 ping 命令测试。

```
RA#ping 192.168.10.1
Type escape sequence to abort.
Sending 5, 100-byte ICMP Echos to 192.168.10.1, timeout is 2 seconds:
!!!!!
Success rate is 100 percent (5/5), round-trip min/avg/max=0/4/15 ms
# 出现 5 个感叹号，表示 F0/0 接口正常开启，通信正常
```

写一写

写出在 RA 路由器上与主机 2 网关测试连通性的命令。

结论:

（5）在两台 PC 上使用 ping 命令做连通测试，如图 1–15 和图 1–16 所示。

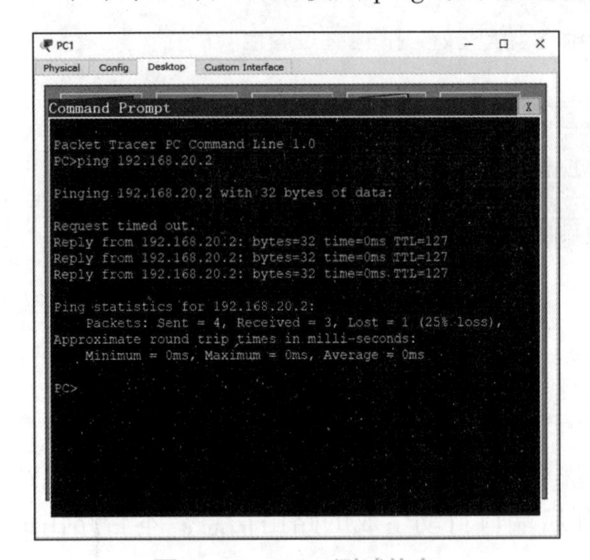

图 1–15　PC1 测试信息

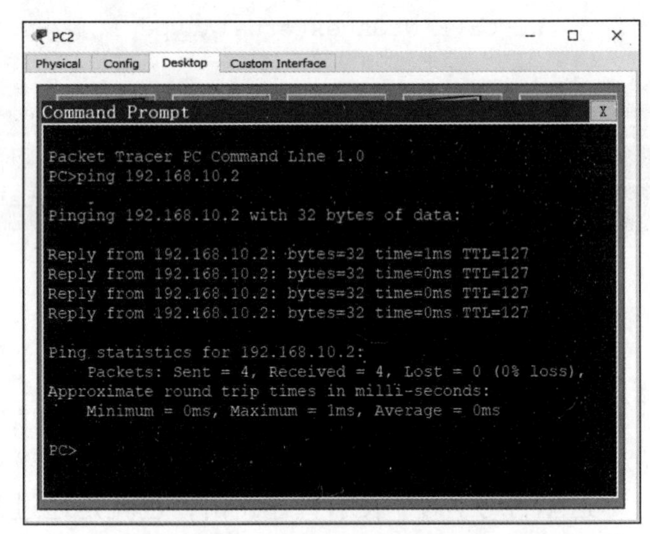

图 1–16　PC2 测试信息

四、任务评价

评价项目	评价内容	参考分	评价标准	得分
拓扑图绘制	选择正确的连接线 选择正确的端口	20	选择正确的连接线，10 分 选择正确的端口，10 分	
IP 地址设置	正确配置两台主机的 IP 和网关地址 正确配置路由器端口地址	20	正确配置两台主机的 IP 和网关地址，10 分 正确配置路由器端口地址，10 分	

续表

评价项目	评价内容	参考分	评价标准	得分
路由器命令配置	正确配置路由器设备名称 正确开启路由器端口	20	配置路由器设备名称 RA，10 分 使用命令开启路由器端口，10 分	
验证测试	会查看路由表 能读懂路由表信息 会进行连通性测试	30	使用命令查看路由表，10 分 分析路由表信息含义，10 分 进行连通性测试，10 分	
职业素养	任务单填写齐全、整洁、无误	10	任务单填写齐全、工整，5 分 任务单填写无误，5 分	

五、相关知识

1. 路由技术工作原理

所谓路由，就是指通过相互连接的网络把信息从源地点移动到目标地点的活动。一般来说，在路由过程中，信息至少会经过一个或多个中间节点。通常，人们会把路由和交换进行对比，这主要是因为在普通用户看来两者所实现的功能是完全一样的。路由和交换之间的主要区别是交换发生在 OSI 参考模型的第二层（数据链路层），而路由发生在第三层（网络层）。这一区别决定了路由和交换在移动信息的过程中需要使用不同的控制信息，所以两者实现各自功能的方式是不同的。

路由器内部有一个路由表，这个表标明了如果要去某个地方，下一步应该往哪走。路由器从某个端口收到一个数据包，它首先把链路层的包头去掉（拆包），读取目的 IP 地址，然后查找路由表，若能确定下一步往哪儿送，则再加上链路层的包头（打包），把该数据包转发出去；若不能确定下一步的地址，则向源地址返回一个信息，并把这个数据包丢掉。

路由技术其实是由两项最基本的活动组成的，即决定最优路径和传输数据包。其中，数据包的传输相对较为简单和直接，而路由的确定则更加复杂一些。路由算法在路由表中写入各种不同的信息，路由器会根据数据包所要到达的目的地来选择最佳路径，把数据包发送到可以到达该目的地的下一台路由器处。当下一台路由器接收到该数据包时，也会查看其目标地址，并使用合适的路径继续传送给后面的路由器。依次类推，直到数据包到达最终目的地。

路由器之间可以进行相互通信，并且可以通过传送不同类型的信息维护各自的路由表。路由更新信息就是这样一种信息，一般由部分或全部路由表组成。通过分析其他路由器发出的路由更新信息，路由器可以掌握整个网络的拓扑结构。链路状态广播是另外一种在路由器之间传递的信息，它可以把信息发送方的链路状态及时地通知给其他路由器。

2. 路由选路原则

先进行最长匹配原则，满足后进行管理距离最小优先，依旧满足后，进行度量值最小优先。

（1）最长匹配原则。最长匹配原则是 Cisco IOS 路由器默认的路由查找方式。当路由器收到一个 IP 数据包时，会将数据包的目的 IP 地址与自己本地路由表中的表项进行逐位查找，直到找到匹配度最长的条目，这称为最长匹配原则。

（2）管理距离 AD 最小优先。可以是多种路由协议的比较，也可以是同种路由协议的比较，比如双线出口所配置的两条默认浮动路由比较。

（3）度量值 metric 最小优先。如果路由协议不同，那么度量值不能做比较。比如 rip 度量值为跳数；ospf 度量值为带宽。

3. 路由器的命令行操作

要掌握路由器的配置，必须首先了解路由器的几种配置模式。路由器总的来说有 4 种配置模式：用户模式、特权模式、全局配置模式、其他配置子模式，如图 1–17 所示。在路由器各个不同的模式下，可以完成不同配置，实现路由器不同的功能。类似地，在 Windows 中打开不同的窗口，就可以进行不同的操作。

```
第一级：用户模式(User EXEC mode)
Router>

第二级：特权模式(Privileged EXEC mode)
在用户模式下先输入"enable"，进入第2级特权模式。特权模式的系统提示符是"#"

Router>enable
Router#

第3级：全局配置模式(Configuration mode)
在特权模式中输入命令"config terminal"，进入第3级配置模式，则相应提示符为"(config)#"。如下所示：

Router#config terminal
Router(config)#
```

图 1–17　路由器常见的几种配置模式

下面介绍路由器常见的几种配置模式。

（1）用户 EXEC 模式：这是“只能看”模式，用户只能查看一些路由器的信息，不能更改。

```
Router>
```

（2）特权 EXEC 模式：这种模式支持调试和测试命令，详细检查路由器，配置文件操作和访问配置模式。

```
Rouer>enable
Router#____________
```

（3）全局配置模式：这种模式实现强大的执行简单配置任务的单行命令。要返回特权模式，输入 exit 命令即可。

```
Rouer#configure terminal
Router（config）#__________
```

（4）接口模式：属于全局模式的下一级模式，该模式可以配置接口参数。要返回全局模式，输入 exit 命令即可。

```
Router（config）#interface interface-id
```

六、课后练习

1. 以下不会在路由表里出现的是（　　）。

A. 下一跳地址　　B. 网络地址　　C. 度量值　　D. MAC 地址

2. 网络管理员需要通过路由器的 FastEthernet 端口直接连接两台路由器，应用（ ）电缆。

A. 直通电缆　　B. 全反电缆　　C. 交叉电缆　　D. 串行电缆

3. 在路由器中，决定最佳路由的因素是（ ）。

A. 最小的路由跳数　　B. 最小的时延

C. 最小的 metirc 值　　D. 最大的带宽

4. 数据报文通过查找路由表获知（ ）。

A. 整个报文传输的路径　　B. 下一跳地址

C. 网络拓扑结构　　D. 以上说法均不对

项目小结

本项目重点介绍了 IP 地址及其分类、特殊 IP 地址、子网掩码、子网划分、私有地址等知识，还介绍了基本的路由器知识及直连路由的配置。这些内容对于后续知识的学习非常重要，如果对本项目不熟悉，需要额外加强学习。

项目实践

（1）把网络 202.112.78.0 划分为多个子网（子网掩码是 255.255.255.192），则各子网中可用的主机地址总数是__________。

（2）一台主机的地址为 202.113.224.68，子网掩码为 255.255.255.240，那么这台主机的主机号为__________。

（3）已知 IP 地址为 172.16.2.160，该主机的子网掩码为 255.255.255.192。试分析该网络的子网号、广播地址、首 IP 地址和末 IP 地址。

（4）某公司申请了一个 C 类地址 200.200.200.0，公司有生产部门和市场部门需要划分为单独的网络，即需要划分两个子网，每个子网至少支持 40 台主机，问:

①如何决定子网掩码?

②新的子网网络 ID 是什么?

③每个子网有多少主机地址?

项目二

应用静态路由实现园区网的互通

工单任务1　配置静态路由

一、工作准备

想一想

什么是直连路由？什么是非直连路由？

填一填

图 1–18 中，R2 路由器的直连网段地址是________________________________。

R2 路由器的非直连网段地址是________________________________。

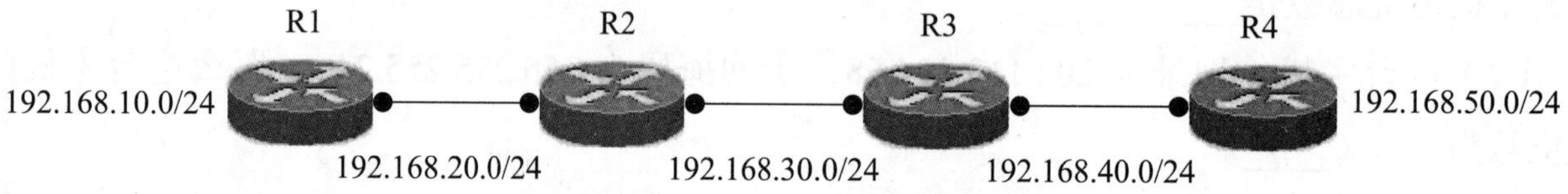

R1　R2　R3　R4

192.168.10.0/24　192.168.20.0/24　192.168.30.0/24　192.168.40.0/24　192.168.50.0/24

图 1–18　静态路由

二、任务描述

任务场景

在 RA、RB、RC 路由器上配置静态路由，实现全网互通，如图 1–19 所示。

施工拓扑

施工拓扑图如图 1–19 所示。

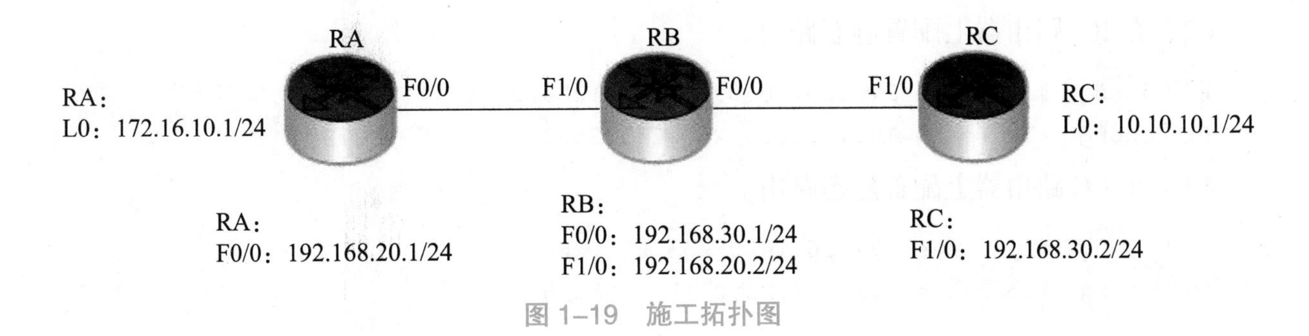

图 1-19　施工拓扑图

设备环境

本实验采用 Packet Tracer 进行实验，使用路由器型号为 Router-PT，数量为 3 台。

三、任务实施

1. 配置路由器各接口的 IP 地址

（1）在 RA 路由器上配置 IP 地址。

```
RA(config)#interface fastEthernet 0/0
RA(config-if)#ip address 192.168.20.1 255.255.255.0
RA(config-if)#no shutdown
RA(config)#interface loopback 0
RA(config-if)#ip address 172.16.10.1 255.255.255.0
```

（2）在 RB 路由器上配置 IP 地址。

```
RB(config)#interface fastEthernet 1/0
RB(config-if)#ip address 192.168.20.2 255.255.255.0
RB(config-if)#no shutdown
RB(config)#interface fastEthernet 0/0
RB(config-if)#ip address 192.168.30.1 255.255.255.0
RB(config-if)#no shutdown
```

（3）在 RC 路由器上配置 IP 地址。

```
RC(config)#interface fastEthernet 1/0
RC(config-if)#ip address 192.168.30.2 255.255.255.0
RC(config-if)#no shutdown
RC(config)#interface loopback 0
RC(config-if)#ip address 10.10.10.1 255.255.255.0
RC(config-if)#no shutdown
```

2. 配置静态路由

（1）在 RA 路由器上配置静态路由。

```
RA(config)#ip route 192.168.30.0 255.255.255.0 192.168.20.2
RA(config)#ip route 10.10.10.0 255.255.255.0 192.168.20.2
```

（2）在 RB 路由器上配置静态路由。

```
RB(config)#ip route 172.16.10.0 255.255.255.0 192.168.20.1
RB(config)#ip route 10.10.10.0 255.255.255.0 192.168.30.2
```

（3）在 RC 路由器上配置静态路由。

```
RC(config)#ip route 172.16.10.0 255.255.255.0
RC(config)#ip route 192.168.20.0 255.255.255.0
```

3. 测试连通性

（1）查看路由表。

```
RA#show ip rou
Codes:C-connected, S-static, I-IGRP, R-RIP, M-mobile, B-BGP
    D-EIGRP, EX-EIGRP external, O-OSPF, IA-OSPF inter area
    N1-OSPF NSSA external type 1, N2-OSPF NSSA external type 2
    E1-OSPF external type 1, E2-OSPF external type 2, E-EGP
    i-IS-IS, L1-IS-IS level-1, L2-IS-IS level-2, ia-IS-IS inter area
    *-candidate default, U-per-user static route, o-ODR
    P-periodic downloaded static route
Gateway of last resort is not set
    10.0.0.0/24 is subnetted, 1 subnets
S       10.10.10.0 [1/0] via 192.168.20.2
     172.16.0.0/24 is subnetted, 1 subnets
C       172.16.10.0 is directly connected, Loopback0
C    192.168.20.0/24 is directly connected, FastEthernet0/0
S    192.168.30.0/24 [1/0] via 192.168.20.2
```

从 RA 路由器的路由表中可以看到，直连路由网段为 172.16.10.0/24 和 192.168.20.0/24，静态路由网段为 10.10.10.0/24 和 192.168.30.0/24，静态路由的标记为“S”。

（2）测试网络连通性。

```
RA#ping 172.16.10.1
Type escape sequence to abort.
Sending 5, 100-byte ICMP Echos to 172.16.10.1, timeout is 2 seconds:
!!!!!
Success rate is 100 percent (5/5), round-trip min/avg/max=0/3/4 ms

RA#ping 192.168.20.1
Type escape sequence to abort.
Sending 5, 100-byte ICMP Echos to 192.168.20.1, timeout is 2 seconds:
!!!!!

Success rate is 100 percent (5/5), round-trip min/avg/max=0/2/5 ms

RA#ping 192.168.20.2
```

```
Type escape sequence to abort.
Sending 5, 100-byte ICMP Echos to 192.168.20.2, timeout is 2 seconds:
!!!!!
Success rate is 100 percent (5/5), round-trip min/avg/max=0/0/1 ms

RA#ping 192.168.30.1
Type escape sequence to abort.
Sending 5, 100-byte ICMP Echos to 192.168.30.1, timeout is 2 seconds:
!!!!!
Success rate is 100 percent (5/5), round-trip min/avg/max=0/0/0 ms

RA#ping 192.168.30.2
Type escape sequence to abort.
Sending 5, 100-byte ICMP Echos to 192.168.30.2, timeout is 2 seconds:
!!!!!
Success rate is 100 percent (5/5), round-trip min/avg/max=0/0/1 ms

RA#ping 10.10.10.1
Type escape sequence to abort.
Sending 5, 100-byte ICMP Echos to 10.10.10.1, timeout is 2 seconds:
!!!!!
Success rate is 100 percent (5/5), round-trip min/avg/max=0/0/3 ms
```

从以上测试反馈的结果来看，各个路由的接口已经都能正常通信，表明 RA、RB、RC 已经实现了全网通。

四、任务评价

评价项目	评价内容	参考分	评价标准	得分
拓扑图绘制	选择正确的连接线 选择正确的端口	20	选择正确的连接线，10 分 选择正确的端口，10 分	
IP 地址设置	正确配置路由器端口地址	20	正确配置各路由器端口地址，15 分 正确配置 Lookback 地址，5 分	
路由器命令配置	正确配置路由器设备名称 正确开启路由器端口	20	配置路由器设备名称，10 分 使用命令开启路由器端口，10 分	
验证测试	会查看路由表 能读懂路由表信息 会进行连通性测试	30	使用命令查看路由表，10 分 分析路由表信息含义，10 分 进行连通性测试，10 分	
职业素养	任务单填写齐全、整洁、无误	10	任务单填写齐全、工整，5 分 任务单填写无误，5 分	

五、相关知识

1. 静态路由概述

静态路由是指由网络管理员手工配置的路由信息。当网络的拓扑结构或链路的状态发生变化时，网络管理员需要手工去修改路由表中相关的静态路由信息。

静态路由一般适用于比较简单的网络环境，在这样的环境中，网络管理员易于清楚地了解网络的拓扑结构，便于设置正确的路由信息。

实施静态路由选择的过程如下。

①确定网段的总数。

②标记每台路由器非直连的路由。

③为每台路由配置非直连路由的静态路由。

图 1–18 所示的拓扑图有 4 个路由器和 5 个网段，首先确定 5 个网段，分别为 192.168.10.0/24、192.168.20.0/24、192.168.30.0/24、192.168.40.0/24、192.168.50.0/24，然后分别找出每台路由器的非直连网段。以 R1 为例，R1 的非直连网段为 192.168.30.0/24、192.168.40.0/24、192.168.50.0/24，最后分别为 4 台路由配置静态路由。

2. 静态路由的配置

静态路由的配置格式：

```
ip route 目标网段 目标网段掩码 下一跳地址
```

六、课后练习

1. 以下路由表项要由网络管理员手动配置的有（　　）。

A. 静态路由　　B. 直接路由　　C. 动态路由　　D. 以上说法都不正确

2. 静态路由的优点包括（　　）。

A. 管理简单　　B. 自动更新路由　　C. 提高网络安全性　　D. 节省带宽

3. 在路由器上依次配置了如下两条静态路由，那么关于这两条路由，如下说法正确的是（　　）。

```
ip rout-static 192.168.0.0 255.255.240.0 10.10.102.1 prerence 100
ip rout-static 192.168.0.0 255.255.240.0 10.10.102.1
```

A. 路由表会生成两条去往 192.168.0.0 的路由，两条路由互为备份

B. 路由表会生成两条去往 192.168.0.0 的路由，两条路由互为负载分担

C. 路由表只会生成第二条配置的路由，其优先级为 0

D. 路由表只会生成第二条配置的路由，其优先级为 60

工单任务2　配置特殊的静态路由——默认路由

一、工作准备

想一想

1. 什么是本地回环（Lookback）地址？它有什么作用？

2. IP 地址 0.0.0.0 代表的含义是什么？

写一写

写出在路由器（Router）上创建 Lookback 0 地址（10.10.10.1/24）的命令。

```
Router（config）# ____________________
Router（config-if）# ____________________
Router（config-if）# ____________________
```

二、任务描述

任务场景

在 RA、RB、RC 上配置静态路由，使用最少数量的静态路由配置全网通，如图 1-20 所示。

施工拓扑

施工拓扑图如图 1-20 所示。

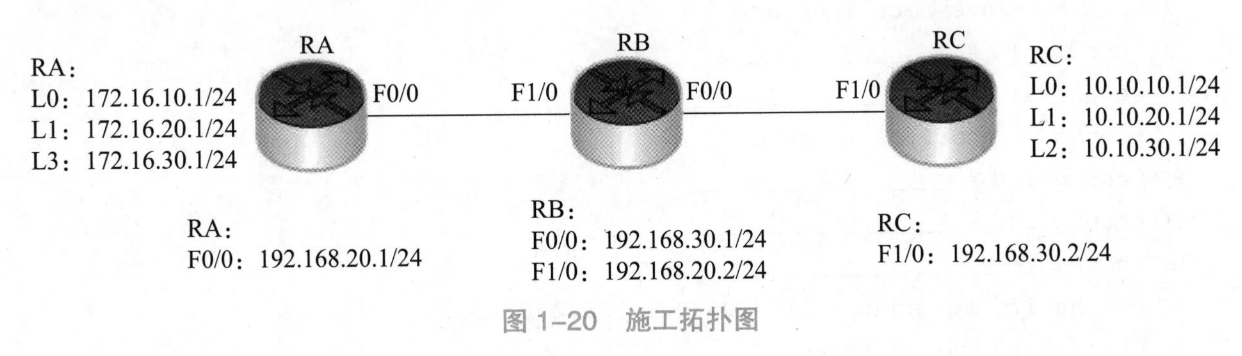

图 1-20　施工拓扑图

设备环境

本实验采用 Packet Tracer 进行实验，使用路由器型号为 Router-PT，数量为 3 台。

三、任务实施

1. 配置路由器各接口的 IP 地址

（1）在 RA 路由器上配置 IP 地址。

```
RA(config)#interface fastEthernet 0/0
RA(config-if)#ip address 192.168.20.1 255.255.255.0
RA(config-if)#no shutdown
RA(config)#interface loopback 0
RA(config-if)#ip address 172.16.10.1 255.255.255.0
RA(config)#interface loopback 1
RA(config-if)#ip address 172.16.20.1 255.255.255.0
RA(config)#interface loopback 2
RA(config-if)#ip address 172.16.30.1 255.255.255.0
```

（2）在 RB 路由器上配置 IP 地址。

```
RB(config)#interface fastEthernet 1/0
RB(config-if)#ip address 192.168.20.2 255.255.255.0
RB(config-if)#no shutdown
RB(config)#interface fastEthernet 0/0
RB(config-if)#ip address 192.168.30.1 255.255.255.0
RB(config-if)#no shutdown
```

（3）在 RC 路由器上配置 IP 地址。

写一写

写出配置 RC 路由器端口地址的命令。

```
RC(config)#interface fastEthernet 1/0
RC(config-if)# ____________________
RC(config-if)# ____________________
RC(config)#interface loopback 0
RC(config-if)# ____________________
RC(config-if)# ____________________
RC(config)#interface loopback 1
RC(config-if)# ____________________
RC(config-if)# ____________________
RC(config)# ____________________
RC(config-if)#ip address 10.10.30.1 255.255.255.0
RC(config-if)#no shutdown
```

2. 配置静态路由

（1）在 RA 路由器上配置默认路由。

```
RA(config)#ip route 0.0.0.0 0.0.0.0 192.168.20.2
```

（2）在 RB 路由器上配置静态路由。

```
RB(config)#ip route 172.16.10.0 255.255.255.0 192.168.20.1
RB(config)# ________________
```

（3）在 RC 路由器上配置默认路由。

```
RC(config)# ________________
```

3. 验证配置

（1）查看 RA 路由器。

```
RA#show ip rou
Codes:C-connected, S-static, I-IGRP, R-RIP, M-mobile, B-BGP
    D-EIGRP, EX-EIGRP external, O-OSPF, IA-OSPF inter area
    N1-OSPF NSSA external type 1, N2-OSPF NSSA external type 2
    E1-OSPF external type 1, E2-OSPF external type 2, E-EGP
    i-IS-IS, L1-IS-IS level-1, L2-IS-IS level-2, ia-IS-IS inter area
    *-candidate default, U-per-user static route, o-ODR
    P-periodic downloaded static route
Gateway of last resort is 192.168.20.2 to network 0.0.0.0
     172.16.0.0/24 is subnetted, 3 subnets

C       172.16.10.0 is directly connected, Loopback0
C       172.16.20.0 is directly connected, Loopback1
C       172.16.30.0 is directly connected, Loopback2
C    192.168.20.0/24 is directly connected, FastEthernet0/0
S*   0.0.0.0/0 [1/0] via 192.168.20.2
```

从 RA 的路由表中可以看到，默认路由前面的标记为“S*”，下一跳地址指向 192.168.20.2。

（2）连通性测试。

```
RA#ping 10.10.10.1
Type escape sequence to abort.
Sending 5, 100-byte ICMP Echos to 10.10.10.1, timeout is 2 seconds:
!!!!!
Success rate is 100 percent (5/5), round-trip min/avg/max=0/0/0 ms

RA#ping 10.10.20.1
Type escape sequence to abort.
Sending 5, 100-byte ICMP Echos to 10.10.20.1, timeout is 2 seconds:
!!!!!
Success rate is 100 percent (5/5), round-trip min/avg/max=0/0/1 ms
```

```
RA#ping 10.10.30.1
Type escape sequence to abort.
Sending 5, 100-byte ICMP Echos to 10.10.30.1, timeout is 2 seconds:
!!!!!
Success rate is 100 percent (5/5), round-trip min/avg/max=0/0/1 ms
```

从 ping 命令的测试结果来看，各路由器接口的 IP 地址已经全部 ping 通，表明 RA、RB、RC 路由器已经实现了全网通。

四、任务评价

评价项目	评价内容	参考分	评价标准	得分
拓扑图绘制	选择正确的连接线 选择正确的端口	20	选择正确的连接线，10 分 选择正确的端口，10 分	
IP 地址设置	正确配置路由器端口地址	20	正确配置各路由器端口地址，10 分 正确配置 Lookback 地址，10 分	
路由器命令配置	正确配置路由器设备名称 正确开启路由器端口 正确配置默认路由	20	配置路由器设备名称，5 分 使用命令开启路由器端口，5 分 在 RA 和 RC 路由器上正确配置默认路由地址，10 分	
验证测试	会查看路由表 能读懂路由表信息 会进行连通性测试	30	使用命令查看路由表，10 分 分析路由表信息含义，10 分 进行连通性测试，10 分	
职业素养	任务单填写齐全、整洁、无误	10	任务单填写齐全、工整，5 分 任务单填写无误，5 分	

五、相关知识

1. 默认路由概述

默认路由是静态路由的一种。

路由器需要查看路由表才能决定怎么转发数据包，用静态路由一个个地配置，烦琐易错。如果路由器有个邻居知道怎么前往所有的目的地，可以把路由表匹配的任务交给它，省了很多事。

默认路由一般配置在出口设备和区域边界设备上，主要用于把所有的数据包都转发到网关，减少静态路由配置条目。

2. 默认路由配置格式

```
ip route 0.0.0.0 0.0.0.0 下一跳地址
```

3. 默认路由的目标网段和目标掩码都是 0.0.0.0 的原因

匹配 IP 地址时，0 表示 wildcard，任何值都可以。所以 0.0.0.0 和任何目的地址匹配都会成功，达到默认路由要求的效果。

4. 其他查看命令介绍

①在特权模式下输入“show ip route”，用于查看全局路由表。

②在特权模式下输入“show ip interface brief”，用于查看所有接口的细节。

六、课后练习

1. show interface 命令会显示以太网接口的（　　）。

A. IP 地址　　B.MAC 地址　　C. 接口个数　　D. 是否损坏

2. 下面不是静态路由的特性的是（　　）。

A. 减轻路由器内存和处理负担　　B. 在路由器上连接末节网络

C. 在到目标网络只有一条路由时使用　　D. 减少配置时间

3. 下面命令显示接口状态的总结信息的是（　　）。

A. show ip route　　B. show interfaces

C. show ip interface brief　　D. show running-config

4. 如图 1-21 所示，目的地为 172.16.0.0 网络的数据包的转发方式是（　　）。

```
Router1# show ip route
<省略部分输出>
Gateway of last resort is 0.0.0.0 to network 0.0.0.0

     172.16.0.0/20 is subnetted, 1 subnets
S       172.16.0.0 [1/0] via 192.168.0.2
     192.168.0.0/30 is subnetted, 2 subnets
C       192.168.0.0 is directly connected, Serial0/0
C       192.168.0.8 is directly connected, Serial0/1
S*   0.0.0.0/0 is directly connected, Serial0/2
```

图 1-21　172.16.0.0 网络的数据包的转发

A. Router1 会执行递归查找，数据包将从 S0/0 接口发出

B. Router1 会执行递归查找，数据包将从 S0/1 接口发出

C. 没有与 172.16.0.0 网络关联的匹配接口，因此数据包将被丢弃

D. 没有与 172.16.0.0 网络关联的匹配接口，因此数据包将采用“最后选用网关”，从 S0/2 接口发出

工单任务3　配置静态路由实现全网互通

一、工作准备

写一写

写出图 1-22 中各路由器的非直连网段地址。

RA：________________

RB：________________

RC：________________

RD：________________

二、任务描述

任务场景

按照要求配置网通，PC1 到 PC2 的路径为 PC1-RA-RD-RC-PC2，PC4 到 PC3 的路径为 PC4-RA-RB-RC-PC3。配置完成后，使用 Tracert 命令跟踪路径是否按照正确的路由到达指定目的地，如图 1-22 所示。

施工拓扑

施工拓扑图如图 1-22 所示。

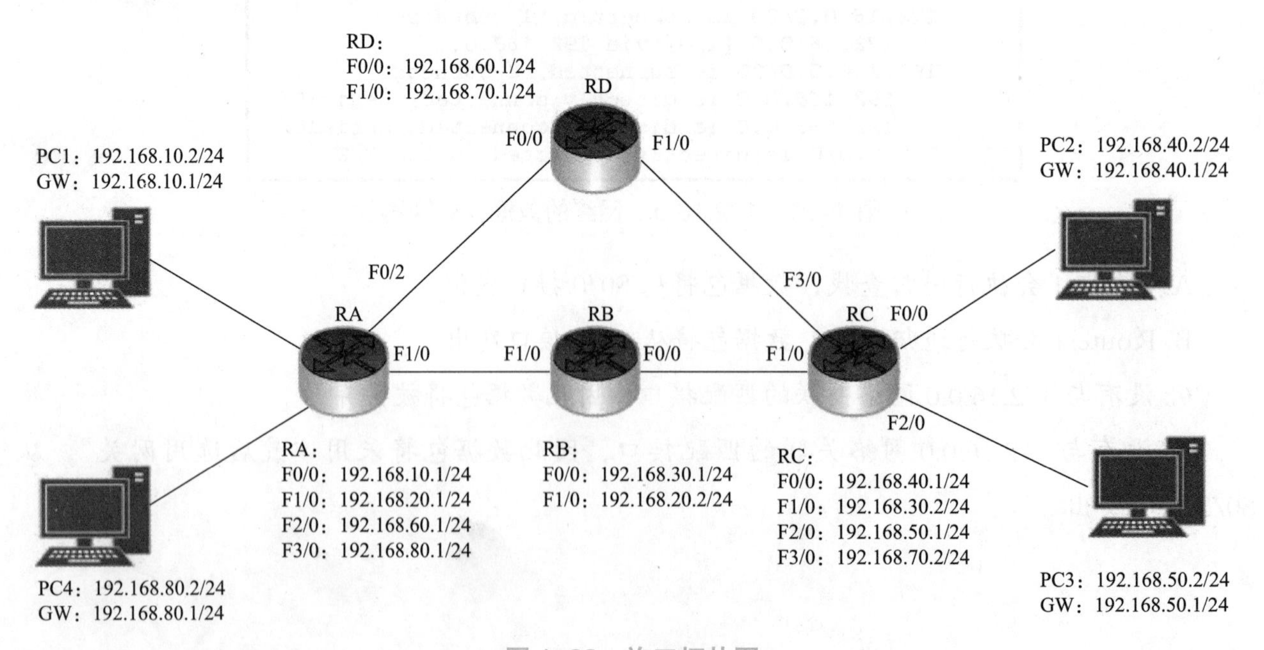

图 1-22　施工拓扑图

设备环境

本实验采用 Packet Tracer 进行实验，使用路由器型号为 Router-PT，数量为 4 台，主机 4 台。

三、任务实施

1. 配置路由器各接口的 IP 地址

（1）在 RA 路由器上配置 IP 地址。

```
RA(config)#interface fastEthernet 0/0
RA(config-if)#ip address 192.168.10.1 255.255.255.0
RA(config-if)#no shutdown
RA(config)#interface fastEthernet 1/0
RA(config-if)#ip address 192.168.20.1 255.255.255.0
RA(config-if)#no shutdown
RA(config)#interface fastEthernet 2/0
RA(config-if)#ip address 192.168.60.2 255.255.255.0
RA(config-if)#no shutdown
RA(config)#interface fastEthernet 3/0
RA(config-if)#ip address 192.168.80.1 255.255.255.0
RA(config-if)#no shutdown
```

（2）在 RB 路由器上配置 IP 地址。

```
RB(config)#interface fastEthernet 1/0
__________________________________
__________________________________
__________________________________
```

（3）在 RC 路由器上配置 IP 地址。

```
RC(config)#interface fastEthernet 0/0
RC(config-if)#ip address 192.168.40.1 255.255.255.0
RC(config-if)#no shutdown
RC(config)#interface fastEthernet 1/0
RC(config-if)#ip address 192.168.30.2 255.255.255.0
RC(config-if)#no shutdown
RC(config)#interface fastEthernet 2/0
RC(config-if)#ip address 192.168.50.1 255.255.255.0
RC(config-if)#no shutdown
RC(config)#interface fastEthernet 3/0
RC(config-if)#ip address 192.168.70.2 255.255.255.0
RC(config-if)#no shutdown
```

(4) 在 RD 路由器上配置 IP 地址。

```
RD(config)#interface fastEthernet 0/0
RD(config-if)#ip address 192.168.60.1 255.255.255.0
RD(config-if)#no shutdown
RD(config)#interface fastEthernet 1/0
RD(config-if)#ip address 192.168.70.1 255.255.255.0
RD(config-if)#no shutdown
```

2. 配置静态路由

(1) 在 RA 路由器上配置静态路由。

```
RA(config)# ________________
RA(config)# ________________
RA(config)# ________________
RA(config)# ________________
```

(2) 在 RB 路由器上配置静态路由。

```
RB(config)#ip route 192.168.50.0 255.255.255.0 192.168.30.2
RB(config)#ip route 192.168.80.0 255.255.255.0 192.168.20.1
```

(3) 在 RC 路由器上配置静态路由。

```
RC(config)#ip route 192.168.60.0 255.255.255.0 192.168.70.1
RC(config)#ip route 192.168.10.0 255.255.255.0 192.168.70.1
RC(config)#ip route 192.168.20.0 255.255.255.0 192.168.30.1
RC(config)#ip route 192.168.80.0 255.255.255.0 192.168.30.1
```

(4) 在 RD 路由器上配置静态路由。

```
RD(config)#ip route 192.168.10.0 255.255.255.0 192.168.60.2
RD(config)#ip route 192.168.40.0 255.255.255.0 192.168.70.2
```

3. 验证配置

(1) 查看 RA 路由器的路由表。

```
RA#show ip route
Codes:C-connected, S-static, I-IGRP, R-RIP, M-mobile, B-BGP
   D-EIGRP, EX-EIGRP external, O-OSPF, IA-OSPF inter area
   N1-OSPF NSSA external type 1, N2-OSPF NSSA external type 2
   E1-OSPF external type 1, E2-OSPF external type 2, E-EGP
   i-IS-IS, L1-IS-IS level-1, L2-IS-IS level-2, ia-IS-IS inter area
   *-candidate default, U-per-user static route, o-ODR
   P-periodic downloaded static route
Gateway of last resort is not set
C   192.168.10.0/24 is directly connected, FastEthernet0/0
C   192.168.20.0/24 is directly connected, FastEthernet1/0
S   192.168.30.0/24 [1/0] via 192.168.20.2
```

```
S    192.168.40.0/24 [1/0] via 192.168.60.1
S    192.168.50.0/24 [1/0] via 192.168.20.2
C    192.168.60.0/24 is directly connected, FastEthernet2/0
S    192.168.70.0/24 [1/0] via 192.168.60.1
C    192.168.80.0/24 is directly connected, FastEthernet3/0
```

认一认

在 RA 路由表中，分别有几条什么类型的路由表？

（2）查看 RB 路由器的路由表。

```
RB#show ip route
Codes:C-connected, S-static, I-IGRP, R-RIP, M-mobile, B-BGP
    D-EIGRP, EX-EIGRP external, O-OSPF, IA-OSPF inter area
    N1-OSPF NSSA external type 1, N2-OSPF NSSA external type 2
    E1-OSPF external type 1, E2-OSPF external type 2, E-EGP
    i-IS-IS, L1-IS-IS level-1, L2-IS-IS level-2, ia-IS-IS inter area
    *-candidate default, U-per-user static route, o-ODR
    P-periodic downloaded static route
Gateway of last resort is not set
C    192.168.20.0/24 is directly connected, FastEthernet1/0
C    192.168.30.0/24 is directly connected, FastEthernet0/0
S    192.168.50.0/24 [1/0] via 192.168.30.2
S    192.168.80.0/24 [1/0] via 192.168.20.1
```

（3）查看 RC 路由器的路由表。

```
RC#show ip route
Codes:C-connected, S-static, I-IGRP, R-RIP, M-mobile, B-BGP
    D-EIGRP, EX-EIGRP external, O-OSPF, IA-OSPF inter area
    N1-OSPF NSSA external type 1, N2-OSPF NSSA external type 2
    E1-OSPF external type 1, E2-OSPF external type 2, E-EGP
    i-IS-IS, L1-IS-IS level-1, L2-IS-IS level-2, ia-IS-IS inter area
    *-candidate default, U-per-user static route, o-ODR
    P-periodic downloaded static route
Gateway of last resort is not set
S    192.168.10.0/24 [1/0] via 192.168.70.1
S    192.168.20.0/24 [1/0] via 192.168.30.1
C    192.168.30.0/24 is directly connected, FastEthernet1/0
C    192.168.40.0/24 is directly connected, FastEthernet0/0
C    192.168.50.0/24 is directly connected, FastEthernet2/0
S    192.168.60.0/24 [1/0] via 192.168.70.1
```

```
C    192.168.70.0/24 is directly connected, FastEthernet3/0
S    192.168.80.0/24 [1/0] via 192.168.30.1
```

（4）查看 RD 路由器的路由表。

```
RD#show ip route
Codes:C-connected, S-static, I-IGRP, R-RIP, M-mobile, B-BGP
    D-EIGRP, EX-EIGRP external, O-OSPF, IA-OSPF inter area
    N1-OSPF NSSA external type 1, N2-OSPF NSSA external type 2
    E1-OSPF external type 1, E2-OSPF external type 2, E-EGP
    i-IS-IS, L1-IS-IS level-1, L2-IS-IS level-2, ia-IS-IS inter area
    *-candidate default, U-per-user static route, o-ODR
    P-periodic downloaded static route
Gateway of last resort is not set
S    192.168.10.0/24 [1/0] via 192.168.60.2
S    192.168.40.0/24 [1/0] via 192.168.70.2
C    192.168.60.0/24 is directly connected, FastEthernet0/0
C    192.168.70.0/24 is directly connected, FastEthernet1/0
```

（5）使用 Tracert 命令测试路由路径。使用 Tracert 命令测试路由路径，如图 1–23 和图 1–24 所示。

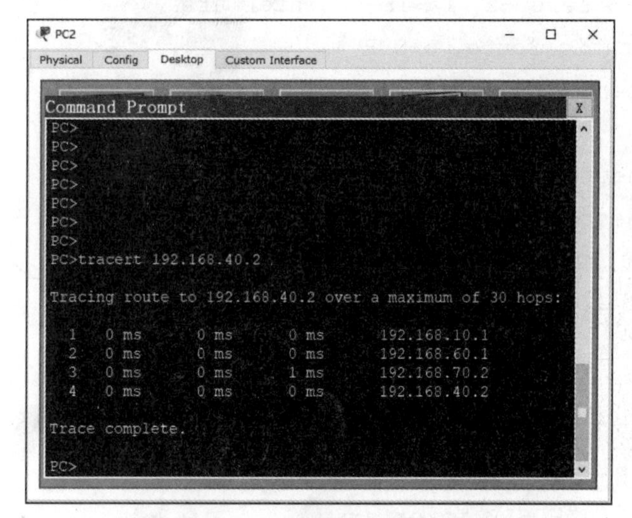

图 1–23　PC1~PC2 测试信息

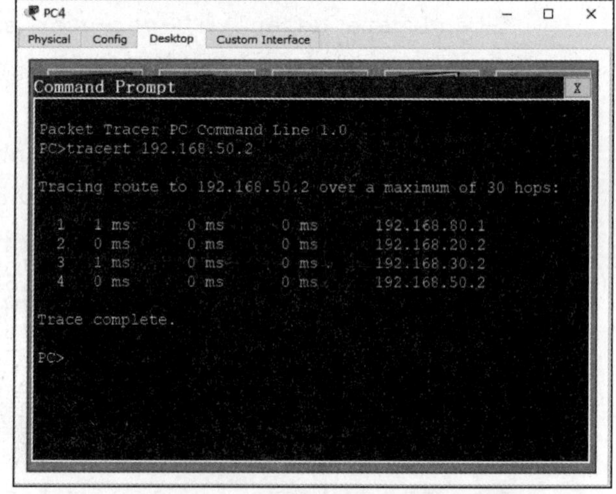

图 1–24　PC3~PC4 测试信息

通过观察路由走过的每一个网关地址，发现路由路径正常，本实验成功，可以通过静态路由控制路由走向。

四、任务评价

评价项目	评价内容	参考分	评价标准	得分
拓扑图绘制	选择正确的连接线 选择正确的端口	20	选择正确的连接线，10 分 选择正确的端口，10 分	

续表

评价项目	评价内容	参考分	评价标准	得分
IP 地址设置	正确配置路由器端口地址	10	正确、快速配置各路由器端口地址，10 分	
路由器命令配置	正确配置路由器设备名称 正确开启路由器端口 正确配置静态路由	30	配置路由器设备名称，5 分 使用命令开启路由器端口，5 分 在各路由器上正确配置静态路由地址，20 分	
验证测试	会查看路由表 能读懂路由表信息 会进行连通性测试	25	使用命令查看路由表，5 分 分析路由表信息含义，10 分 进行连通性测试，10 分	
职业素养	任务单填写齐全、整洁、无误	15	任务单填写齐全、工整，5 分 任务单填写无误，10 分	

五、相关知识

路由跟踪

Tracert（跟踪路由）是路由跟踪实用程序，用于确定 IP 数据包访问目标所采取的路径。Tracert 命令使用 IP 生存时间（TTL）字段和 ICMP 错误消息来确定从一个主机到网络上其他主机的路由。

该诊断程序将包含不同生存时间（TTL）值的 Internet 控制消息协议（ICMP）回显数据包发送到目标，以决定到达目标所采用的路由。数据包每经过一个路径上的路由器，TTL 都会减 1，所以 TTL 是有效的跃点计数。数据包上的 TTL 到达 0 时，路由器应该将“ICMP 已超时”的消息发送回源系统。Tracert 先发送 TTL 为 1 的回显数据包，并在随后的每次发送过程中将 TTL 递增 1，直到目标响应或 TTL 达到最大值，从而确定路由。路由通过检查中级路由器发送回的“ICMP 已超时”的消息来确定路由。不过，有些路由器悄悄地下传包含过期 TTL 值的数据包，而 Tracert 看不到。

```
tracert [-d][-h maximum_hops][-j computer-list][-w timeout] target_name
```

六、课后练习

1. 当外发接口不可用时，路由表中的静态路由条目的变化为（　　）。

A. 该路由将从路由表中删除

B. 路由器将轮询邻居，以查找替用路由

C. 该路由将保持在路由表中，因为它是静态路由

D. 路由器将重定向该静态路由，以补偿下一跳设备的缺失

2. 以下有关静态路由的叙述中，错误的是（　　）。

A. 静态路由不能动态反映网络拓扑结构

B. 静态路由不仅会占用路由器的 CPU 和 RAM，而且大量占用线路的带宽

C. 如果出于安全的考虑，想隐藏网络的某些部分，可以使用静态路由

D. 在一个小而简单的网络中，常使用静态路由，因为配置静态路由更为简捷

3. 静态路由的优点不包括（　　）。

A. 管理简单　　B. 自动更新路由　　C. 提高网络安全性　　D. 节省宽带

4. 以下命令能显示管理距离的有（　　）。

A. R1# show interface　　B. R1# show ip route

C. R1# show ip interface　　D. R1# debug ip routing

项目小结

本项目重点介绍了静态路由、特殊的静态路由（默认路由）的概念和配置。静态路由需要管理员手动指定，默认路由的格式比较特殊，其目的网段和掩码都为 0.0.0.0。默认路由一般配置在企业网出口设备上，它可以匹配任何一个网段的路由。但是不管是静态路由还是默认路由，都不适用于大型网络。大型网络由于结构比较庞大，网络管理员在管理时十分复杂。此外，如果网络拓扑结构发生了变化，维护工作也会变得十分复杂，并且容易产生错误。

项目实践

使用真实设备完成图 1-25 所示的拓扑图配置。

配置要求：

（1）绘制拓扑图，按照图标所示正确连接各个设备。

（2）在所有的路由器上添加静态路由，实现主机 PC0、PC1 和 PC2 之间的互通。

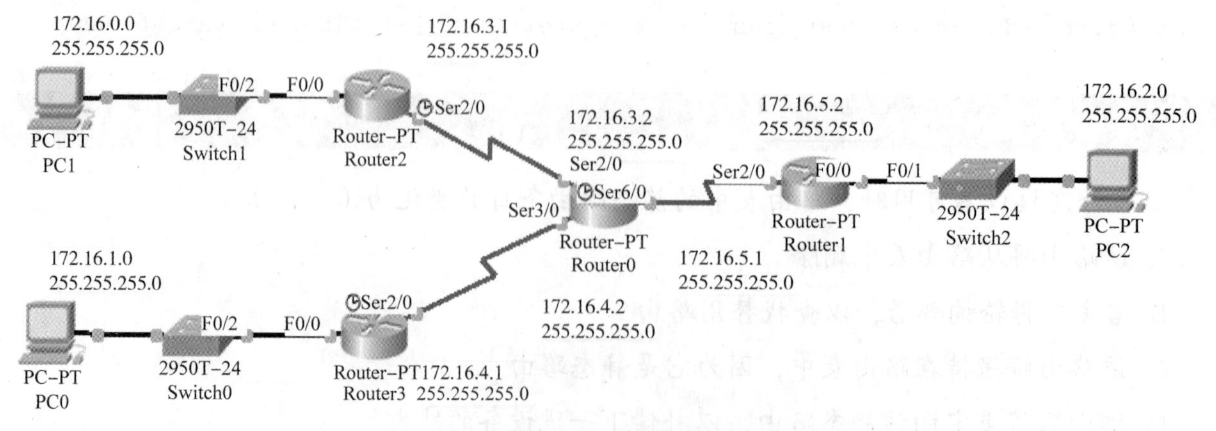

图 1-25　拓扑图

项目三

应用 RIP 动态路由实现区域网络互通

工单任务1　配置基础RIPv2路由

一、工作准备

想一想

什么是 RIP 动态路由？它与静态路由相比，有哪些好处？

写一写

1. 写出 RIP 路由配置的命令。

```
Router（config）#____________________      # 创建 RIP 路由进程
Router（config-router）#____________________      # 配置 RIP 的版本号为 2
Router（config-router）#____________________      # 定义与发布直连网段进 RIP 路由协议进程
Router（config-router）#____________________      # 关闭 RIP 路由自动汇总
```

2. 根据图 1–26 写出 RA 和 RB 路由器的直连网段地址。

```
RA:____________________
RB:____________________
```

二、任务描述

任务场景

在 RA、RB 与 RC 路由器上配置 RIPv2 动态路由，实现全网通，如图 1–26 所示。

施工拓扑

施工拓扑图如图 1-26 所示。

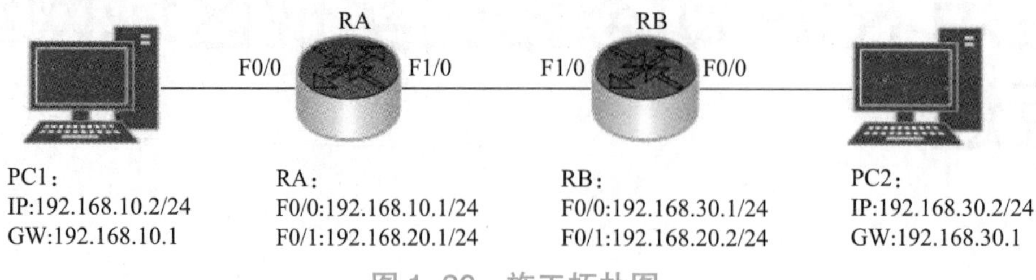

图 1-26　施工拓扑图

设备环境

本实验采用 Packet Tracer 进行实验，使用路由器型号为 Router-PT，数量为 2 台，计算机 2 台。

三、任务实施

（1）使用 Packet Tracer 搭建好拓扑图，使用路由器的型号为 Router-PT。

（2）根据拓扑要求配置主机 PC1 和 PC2 的 IP 地址，如图 1-27 和图 1-28 所示。

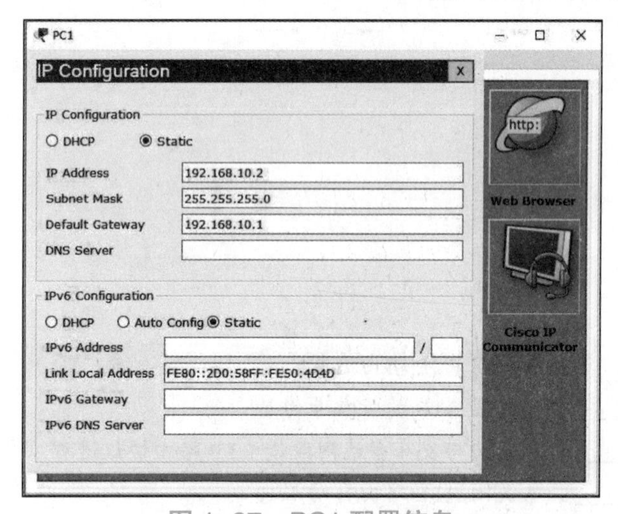

图 1-27　PC1 配置信息

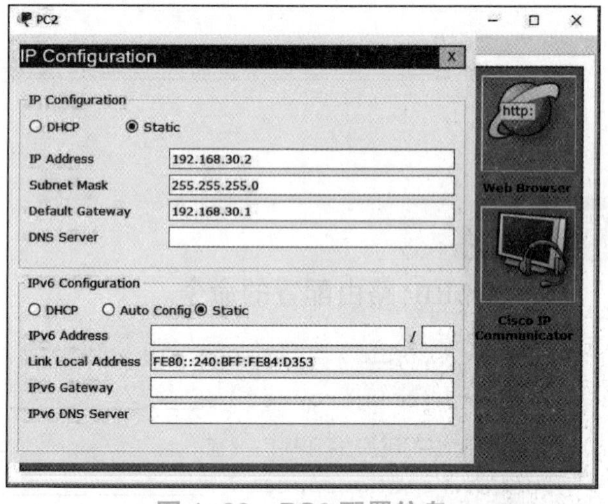

图 1-28　PC2 配置信息

（3）路由器的端口基本配置。

在 RA 路由器上配置 IP 地址。

```
RA(config)#interface fastEthernet 0/0
RA(config-if)#ip address 192.168.10.1 255.255.255.0
RA(config-if)#no shutdown
RA(config-if)#exit
RA(config)#interface fastEthernet 1/0
RA(config-if)#ip address 192.168.20.1 255.255.255.0
RA(config-if)#no shutdown
```

在 RB 路由器上配置 IP 地址。

```
RB(config)#interface fastEthernet 0/0
RB(config-if)#ip address 192.168.30.1 255.255.255.0
RB(config-if)#no shutdown
RB(config-if)#exit
RB(config)#interface fastEthernet 1/0
RB(config-if)#ip address 192.168.20.2 255.255.255.0
RB(config-if)#no shutdown
```

(4)配置 RIP 路由。

在 RA 路由器上配置 RIP 路由。

```
RA(config)#________________                #进入 RIP 路由进程
RA(config-router)#________________         #设置 RIP 路由版本号为 2
RA(config-router)#no auto-summary
RA(config-router)#network 192.168.10.0
RA(config-router)#network 192.168.20.0
```

在 RB 路由器上配置 RIP 路由。

```
RB(config)#router rip
RB(config-router)#version 2
RB(config-router)#________________         #关闭 RIP 路由自动汇总
RB(config-router)#________________         #宣告直连网段地址
RB(config-router)#________________
```

(5)验证。

查看 RA 的路由表。

```
RA#show ip rou
Codes:C-connected, S-static, I-IGRP, R-RIP, M-mobile, B-BGP
    D-EIGRP, EX-EIGRP external, O-OSPF, IA-OSPF inter area
    N1-OSPF NSSA external type 1, N2-OSPF NSSA external type 2
    E1-OSPF external type 1, E2-OSPF external type 2, E-EGP
    i-IS-IS, L1-IS-IS level-1, L2-IS-IS level-2, ia-IS-IS inter area
    *-candidate default, U-per-user static route, o-ODR
    P-periodic downloaded static route

Gateway of last resort is not set

C    192.168.10.0/24 is directly connected, FastEthernet0/0
C    192.168.20.0/24 is directly connected, FastEthernet1/0
R    192.168.30.0/24 [120/1] via 192.168.20.2, 00:00:14, FastEthernet1/0
```

从 RA 路由器的路由表输出结果可以看到，192.168.10.0 和 192.168.20.0 网段是 RA 的直连路由，192.168.30.0 这条路由是通过 RIP 路由协议获取的，前面的标识为“R”。

连通性测试。

```
RA#ping 192.168.10.2
Type escape sequence to abort.
Sending 5, 100-byte ICMP Echos to 192.168.10.2, timeout is 2 seconds:
!!!!!
Success rate is 100 percent (5/5), round-trip min/avg/max=0/0/0 ms

RA#ping 192.168.20.2
Type escape sequence to abort.
Sending 5, 100-byte ICMP Echos to 192.168.20.2, timeout is 2 seconds:
!!!!!
Success rate is 80 percent (4/5), round-trip min/avg/max=0/0/0 ms

RA#ping 192.168.30.2
Type escape sequence to abort.
Sending 5, 100-byte ICMP Echos to 192.168.30.2, timeout is 2 seconds:
!!!!!
Success rate is 100 percent (5/5), round-trip min/avg/max=0/0/0 ms
```

从测试结果来看，所有的节点都已经可以 ping 通，说明 RA、RB、RC 路由器通过 RIPv2 路由协议实现了全网通。

四、任务评价

评价项目	评价内容	参考分	评价标准	得分
拓扑图绘制	选择正确的连接线 选择正确的端口	15	选择正确的连接线，5 分 选择正确的端口，10 分	
IP 地址设置	正确配置路由器端口地址 正确开启路由器端口	15	正确配置各路由器端口地址，10 分 使用命令开启路由器端口，5 分	
路由器命令配置	正确配置路由器设备名称 正确配置 RIP 路由	25	配置路由器设备名称，5 分 在各路由器上正确配置 RIP 路由，20 分	
验证测试	会查看路由表 能读懂路由表信息 会进行连通性测试	25	使用命令查看路由表，5 分 分析路由表信息含义，10 分 进行连通性测试，10 分	
职业素养	任务单填写齐全、整洁、无误	20	任务单填写齐全、工整，10 分 任务单填写无误，10 分	

五、相关知识

1. RIP 路由协议介绍

RIP（Routing Information Protocol，路由信息协议）是使用最广泛的距离向量协议，它是由施乐（Xerox）在 20 世纪 70 年代开发的。当时，RIP 是 XNS（Xerox Network System，施乐网络）协议簇的一部分。TCP/IP 版本的 RIP 是施乐协议的改进版。RIP 最大的特点是，无论实现原理还是配置方法，都非常简单。

2. RIP 路由算法介绍

RIP（Routing Information Protocol）是一种基于距离矢量算法的协议，它使用数据包转发的跳数来衡量到达目标网络的距离，路由器转发至目标网络所经过的路由器就称为跳数。以路由器为基本概念时，不再说主机向另一个主机进行通信，而是主机所在网络与目标主机所在网络进行通信。RIP 协议支持最大的跳数为 15。

3. 度量方法

RIP 的度量是基于跳数（Hops count）的，每经过一台路由器，路径的跳数加一。这样，跳数越多，路径就越长，RIP 算法会优先选择跳数少的路径。RIP 支持的最大跳数是 15，跳数为 16 的网络被认为不可达。

4. 路由更新

RIP 中路由的更新是通过定时广播实现的。默认情况下，路由器每隔 30 s 向与它相连的网络广播自己的路由表，接到广播的路由器将收到的信息添加至自身的路由表中。每个路由器都如此广播，最终网络上所有的路由器都会得知全部的路由信息。正常情况下，每 30 s 路由器就可以收到一次路由信息确认，如果经过 180 s，即 6 个更新周期，一个路由项都没有得到确认，那么路由器就认为它已失效了。如果经过 240 s，即 8 个更新周期，路由项仍没有得到确认，它就被从路由表中删除。上面的 30 s、180 s 和 240 s 的延时都是由计时器控制的，RIP 中一共使用了 4 个定时器：更新计时器（Update Timer）、超时计时器（Timeout Timer）、无效计时器（Invalid Timer）和刷新计时器（Flush Timer）。

5. 路由循环

距离向量类的算法容易产生路由循环，RIP 是距离向量算法的一种，所以它也不例外。如果网络上有路由循环，信息就会循环传递，永远不能到达目的地。为了避免这个问题，RIP 等距离向量算法实现了下面 4 个机制。

（1）水平分割（Split Horizon）。水平分割保证路由器记住每一条路由信息的来源，并且不在收到这条信息的端口上再次发送它。这是保证不产生路由循环的最基本措施。

（2）毒性逆转（Poison Reverse）。当一条路径信息变为无效之后，路由器并不立即将它从路由表中删除，而是用 16，即不可达的度量值将它广播出去。这样虽然增加了路由表的大小，但对消除路由循环很有帮助，它可以立即清除相邻路由器之间的任何环路。

（3）触发更新（Trigger Update）。当路由表发生变化时，更新报文立即广播给相邻的所有路由器，而不是等待 30 s 的更新周期。同样，当一个路由器刚启动 RIP 时，它广播请求报文。收到此广播的相邻路由器立即应答一个更新报文，而不必等到下一个更新周期。这样，网络拓扑的变化会最快地在网络上传播开，减少了路由循环产生的可能性。

（4）抑制计时（Holddown Timer）。一条路由信息无效之后，一段时间内这条路由都处于抑制状态，即在一定时间内不再接收关于同一目的地址的路由更新。如果路由器从一个网段上得知一条路径失效，然后立即在另一个网段上得知这个路由有效，那么这个有效的信息往往是不正确的，抑制计时避免了这个问题，而且，当一条链路频繁启停时，抑制计时减少了路由的浮动，增加了网络的稳定性。

6. 邻居

有些网络是 NBMA（Non-Broadcast Multi-Access，非广播多路访问）的，即网络上不允许广播传送数据。对于这种网络，RIP 就不能依赖广播传递路由表了。解决方法有很多，最简单的是指定邻居（Neighbor），即指定将路由表发送给某一台特定的路由器。

7. RIP 版本介绍

（1）RIPv1：分类路由，每 30 s 发送一次更新分组，分组中不包含子网掩码信息，不支持 VLSM，默认进行边界自动路由汇总，且不可关闭，所以该路由不能支持非连续网络，不支持身份验证。使用跳数作为度量，管理距离为 120，每个分组中最多只能包含 25 个路由信息，使用广播进行路由更新。

（2）RIPv2：无类路由，每 30 s 发送一次更新分组，发送分组中含有子网掩码信息，支持 VLSM，默认该协议开启了自动汇总功能，所以如需向不同主类网络发送子网信息，需要手动关闭自动汇总功能（No Auto-Summary），RIPv2 只支持将路由汇总至主类网络，无法将不同主类网络汇总，所以不支持 CIDR。使用多播 224.0.0.9 进行路由更新，支持身份验证。

RIPv1 和 RIPv2 的主要区别如下。

① RIPv1 是有类路由协议，RIPv2 是无类路由协议。

② RIPv1 不能支持 VLSM，RIPv2 可以支持 VLSM。

③ RIPv1 在主网络边界不能关闭自动汇总（没有手动汇总的功能），RIPv2 可以在关闭自动汇总的前提下，进行手动汇总（RIPv1 不支持主网络被分割，RIPv2 支持主网络被分割）。

④ RIPv1 没有认证的功能，RIPv2 可以支持认证，并且有明文和 MD5 两种认证。

⑤ RIPv1 是广播更新，RIPv2 是组播更新。

8. RIP 的缺陷

RIP 虽然简单易行，并且久经考验，但是也存在着一些很重要的缺陷，主要有以下几点。

①过于简单，以跳数为依据计算度量值，经常得出非最优路由。

②度量值以 16 为限，不适合大的网络。

③安全性差，接受来自任何设备的路由更新。

④不支持无类 IP 地址和 VLSM（Variable Length Subnet Mask，变长子网掩码）。

⑤收敛缓慢，时间经常大于 5 min。

⑥消耗带宽很大。

9. RIP 路由配置

在配置路由协议时，如果不配置路由协议的版本，那么路由器会默认发送版本 1 的消息。在配置 RIP 路由时，需要将直连网段发布进 RIP 路由协议。

```
Router(config)#router rip                          # 创建 RIP 路由进程
Router(config-router)#version{1|2}                 # 配置 RIP 的版本号
Router(config-router)#network network-number       # 定义与发布直连网段进 RIP 路由
                                                   协议进程
Router(config-router)#no auto-summary              # 关闭 RIP 路由自动汇总
```

六、课后练习

1. 以下论述中最能说明 RIPv1 是一种有类别（Classful）路由选择协议的是（　　）。

A. RIPv1 不能在路由选择刷新报文中携带子网掩码（Subnet Mask）信息

B. RIPv1 衡量路由优劣的度量值是跳数的多少

C. RIPv1 协议规定运行该协议的路由器每隔 30 s 向所有直接相连的邻居广播发送一次路由表刷新报文

D. RIPv1 的路由信息报文是 UDP 报文

2. 在 RIP 协议中，当路由项在（　　）内没有任何更新时，定时器超时，该路由项的度量值便为不可达。

A. 30 s　　B. 60 s　　C. 120 s　　D. 180 s

3. 在距离矢量路由协议中，老化机制作用于（　　）。

A. 直接相邻的路由器的路由信息　　B. 所有路由器的路由信息

C. 优先级低的路由器的路由信息　　D. 优先级高的路由器的路由信息

4. “毒性逆转”是指（　　）。

A. 改变路由更新的时间的报文　　B. 一种路由器运行错误报文

C. 防止路由环路的措施　　D. 更改路由器优先级的协议

5. 在 RIP 协议中，计算 metric 值的参数是（　　）。

A. 路由跳数　　B. 带宽　　C. 时延　　D. MTU

工单任务2　RIPv2路由汇总

一、工作准备

想一想

为什么要进行路由汇总？路由汇总的基本原理是什么？

写一写

写出 Router 自动汇总的命令。

```
RA（config）#________________
RA（config-router）#________________
```

二、任务描述

任务场景

在 RA、RB 和 RC 上配置 RIPv2 动态路由，实现全网互通。其中在 RA 上分别关闭和开启自动路由汇总功能，观察 RB 路由表的变化情况，如图 1–29 所示。

施工拓扑

施工拓扑图如图 1–29 所示。

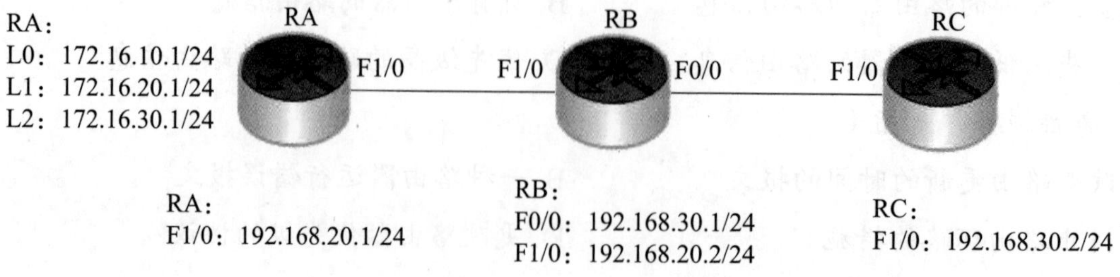

图 1–29　施工拓扑图

设备环境

本实验采用 Packet Tracer 进行实验，使用路由器型号为 Router-PT，数量为 3 台。

三、任务实施

1. 配置路由器各接口 IP 地址

（1）在 RA 路由器上配置 IP 地址。

```
RA（config）#interface fastEthernet 1/0
RA（config-if）#ip address 192.168.20.1 255.255.255.0
RA（config-if）#no shutdown
RA（config）#interface loopback 0
RA（config-if）#ip address 172.16.10.1 255.255.255.0
RA（config）#interface loopback 1
RA（config-if）#ip address 172.16.20.1 255.255.255.0
RA（config）#interface loopback 2
RA（config-if）#ip address 172.16.30.1 255.255.255.0
```

（2）在 RB 路由器上配置 IP 地址。

```
RB（config）#interface fastEthernet 1/0
RB（config-if）#ip address 192.168.20.2 255.255.255.0
RB（config-if）#no shutdown
RB（config）#interface fastEthernet 0/0
RB（config-if）#ip address 192.168.30.1 255.255.255.0
RB（config-if）#no shutdown
```

（3）在 RC 路由器上配置 IP 地址。

```
RC（config）#interface fastEthernet 1/0
RC（config-if）#ip address 192.168.30.2 255.255.255.0
RC（config-if）#no shutdown
```

2. 配置 RIP 路由

（1）在 RA 路由器上配置 RIP 路由。

```
RA（config）#router rip
RA（config-router）#version 2
RA（config-router）#________________          # 关闭路由汇总
RA（config-router）#network 192.168.20.0
RA（config-router）#network 172.16.0.0        #RIP 直接发布主类网络
```

（2）在 RB 路由器上配置 RIP 路由。

```
RB（config）#router rip
RB（config-router）#version 2
```

```
RB(config-router)#no auto-summary
RB(config-router)#________________          # 宣告直连路由
RB(config-router)#________________
```

(3)在 RC 路由器上配置 RIP 路由。

```
RC(config)#router rip
RC(config-router)#version 2
RC(config-router)#no auto-summary
RC(config-router)#network 192.168.30.0
```

3. 验证配置

(1)查看 RB 的路由表。

```
RB#show ip rou
Codes:C-connected, S-static, I-IGRP, R-RIP, M-mobile, B-BGP
    D-EIGRP, EX-EIGRP external, O-OSPF, IA-OSPF inter area
    N1-OSPF NSSA external type 1, N2-OSPF NSSA external type 2
    E1-OSPF external type 1, E2-OSPF external type 2, E-EGP
    i-IS-IS, L1-IS-IS level-1, L2-IS-IS level-2, ia-IS-IS inter area
    *-candidate default, U-per-user static route, o-ODR
    P-periodic downloaded static route
Gateway of last resort is not set
    172.16.0.0/24 is subnetted, 3 subnets
R    172.16.10.0[120/1]via 192.168.20.1, 00:00:05, FastEthernet1/0
R    172.16.20.0[120/1]via 192.168.20.1, 00:00:05, FastEthernet1/0
R    172.16.30.0[120/1]via 192.168.20.1, 00:00:05, FastEthernet1/0
C  192.168.20.0/24 is directly connected, FastEthernet1/0
C  192.168.30.0/24 is directly connected, FastEthernet0/0
```

从 RB 的路由表可以看到,从 RA 学到三条 RIP 路由,在 RA 上关闭自动汇总情况下,显示的是 172.16.10.0、172.16.20.0、172.16.30.0,三条明细路由。

(2)开启 RA 的自动汇总。

```
RA(config)#router rip
RA(config-router)#auto-summary              # 开启 RA 自动汇总
```

(3)再次观察 RB 的路由表。

```
RB#show ip rou
Codes:C-connected, S-static, I-IGRP, R-RIP, M-mobile, B-BGP
    D-EIGRP, EX-EIGRP external, O-OSPF, IA-OSPF inter area
    N1-OSPF NSSA external type 1, N2-OSPF NSSA external type 2
    E1-OSPF external type 1, E2-OSPF external type 2, E-EGP
    i-IS-IS, L1-IS-IS level-1, L2-IS-IS level-2, ia-IS-IS inter area
    *-candidate default, U-per-user static route, o-ODR
    P-periodic downloaded static route
```

```
Gateway of last resort is not set
R    172.16.0.0/16 [120/1] via 192.168.20.1, 00:00:01, FastEthernet1/0
C    192.168.20.0/24 is directly connected, FastEthernet1/0
C    192.168.30.0/24 is directly connected, FastEthernet0/0
```

从 RB 的路由表可以看到，在开启自动汇总之后，从 RA 学习到的三条路由 172.16.10.0、172.16.20.0、172.16.30.0 变成了一条汇聚路由 172.16.0.0/16。

4. 手动路由汇总验证

①在验证配置过程中，关闭 RA 的自动汇总，在接口上开启手动汇总。

```
RA(config)#router rip
RA(config-router)#no auto-summary
RA(config-router)#exit
RA(config)#interface fastEthernet 1/0
RA(config-if)#ip summary-address rip 172.16.0.0 255.255.0.0
```

②再次观察 RB 的路由表，写出 RB 路由器上包括哪几条路由表。

四、任务评价

评价项目	评价内容	参考分	评价标准	得分
拓扑图绘制	选择正确的连接线 选择正确的端口	10	选择正确的连接线，5 分 选择正确的端口，5 分	
IP 地址设置	正确配置路由器端口地址 正确开启路由器端口	15	正确配置各路由器端口地址，10 分 使用命令开启路由器端口，5 分	
路由器命令配置	正确配置路由器设备名称 正确配置 RIP 路由 正确配置自动汇总 正确配置手动汇总	35	配置路由器设备名称，5 分 在各路由器上正确配置 RIP 路由，10 分 正确配置自动汇总，10 分 正确配置手动汇总，10 分	
验证测试	会查看路由表 能读懂路由表信息 会进行连通性测试	20	使用命令查看路由表，5 分 分析路由表信息含义，10 分 进行连通性测试，5 分	
职业素养	任务单填写齐全、整洁、无误	20	任务单填写齐全、工整，10 分 任务单填写无误，10 分	

五、相关知识

1. RIP 路由协议计时器

RIP 一共有 4 种计时器，分别为更新计时器、无效计时器、垃圾计时器、抑制计时器。

①更新计时器: RIP 在开启了 RIP 协议的接口是每隔 30 s 发一次更新的，即响应消息。除了那些被水平分割抑制的接口，此更新消息包含整张路由表信息。但实际上，为了防止更新时的同步，周期性更新时设定了一个随机变量，这随机变量一般是更新时间的 15%，这样实际的更新时间为 25.5~30 s。当收到更新时，更新计时器会重新计时 180 s。

②无效计时器：意为当有一个条目在无效计时时间 180 s 内，即 6 个更新周期内还没有收到更新，就会标记此路由不可达。

③垃圾计时器：上面说超过无效计时器时间的条目会被标为不可达，但是并没有删除，但是若超过垃圾计时器的时间，一般设置比无效计时器长 60 s，为 240 s，则会刷新掉此条目。

④抑制计时器：默认 180 s，若 180 s 内没有收到相关新的更新，还是收到这个条目，则更新，并且在抑制期间，这个条目变成不可达，标记为 possible down。

另外，RIP 还支持触发更新。触发更新只有路由发生了变化才会产生（passive 接口除外），并且不会引起路由重置更新计时器。

2. 路由汇总

路由汇总主要包括自动汇总和手动汇总两种方式，它是把一组路由汇聚为一个单个的路由广播。路由汇聚的最终结果和最明显的好处是缩小网络上的路由表的尺寸。

路由汇总减少了与每一个路由跳有关的延迟，因为减少了路由登录项数量，查询路由表的平均时间将加快。由于路由登录项广播的数量减少，路由协议的开销也将显著减少。随着整个网络（以及子网的数量）的扩大，路由汇总将变得更加重要。除了缩小路由表的尺寸，路由汇总还能通过在网络连接断开之后限制路由通信的传播来提高网络的稳定性。

假设路由表中存储了如下网络:

172.16.12.0/24

172.16.13.0/24

172.16.14.0/24

172.16.15.0/24

要计算路由器的汇总路由，需判断这些地址最左边的多少位是相同的。计算汇总路由的步骤如下。

第一步：将地址转换为二进制格式，并将它们对齐。

第二步：找到所有地址中都相同的最后一位，在它后面画一条竖线。

第三步：计算有多少位是相同的。汇总路由可以表示为第 1 个 IP 地址加上斜线和网络位数。

172.16.12.0/24=172.16.000011 00.00000000

172.16.13.0/24=172.16.000011 01.00000000

172.16.14.0/24=172.16.000011 10.00000000

172.16.15.0/24=172.16.000011 11.00000000

172.16.15.255/24=172.16.000011 11.11111111

IP 地址 172.16.12.0~172.16.15.255 的前 22 位相同，因此最佳的汇总路由为 172.16.12.0/22。

3. 开启 Router 的自动汇总的命令

```
RA (config) #router rip
RA (config-router) #auto-summary
```

六、课后练习

1. 路由表中的每一路由项都对应一老化定时器，当路由项在（　　）内没有任何更新时，定时器超时，该路由项的度量值变为不可达。

A. 30 s　　B. 60 s　　C. 120 s　　D. 180 s

2. RIPv2 的多播方式以多播地址（　　）周期发布 RIPv2 报文。

A. 224.0.0.0　　B. 224.0.0.9　　C. 127.0.0.1　　D. 220.0.0.8

3. 在 RIP 的 MD5 认证报文中，经过加密的密钥放在（　　）。

A. 报文的第一个表项中　　B. 报文的最后一个表项中

C. 报文的第二个表项中　　D. 报文头里

4. 以下关于距离矢量路由协议的描述错误的是（　　）。

A. 简单，易管理　　B. 收敛速度快

C. 报文量大　　D. 为避免路由环做特殊处理

5.RIP 是在（　　）之上的一种路由协议。

A. Ethernet　　B. IP　　C. TCP　　D. UDP

项目小结

本项目主要介绍了 RIP 动态路由协议的概念和配置，这里主要介绍 RIPv2。RIP 适用于小规模的企业内部网络，因为它只有 15 跳。RIPv2 属于无类路由选择协议，使用距离矢量算法作为选路算法，选择最优路由。

项目实践

使用真实设备完成图 1-30 所示的拓扑图配置。

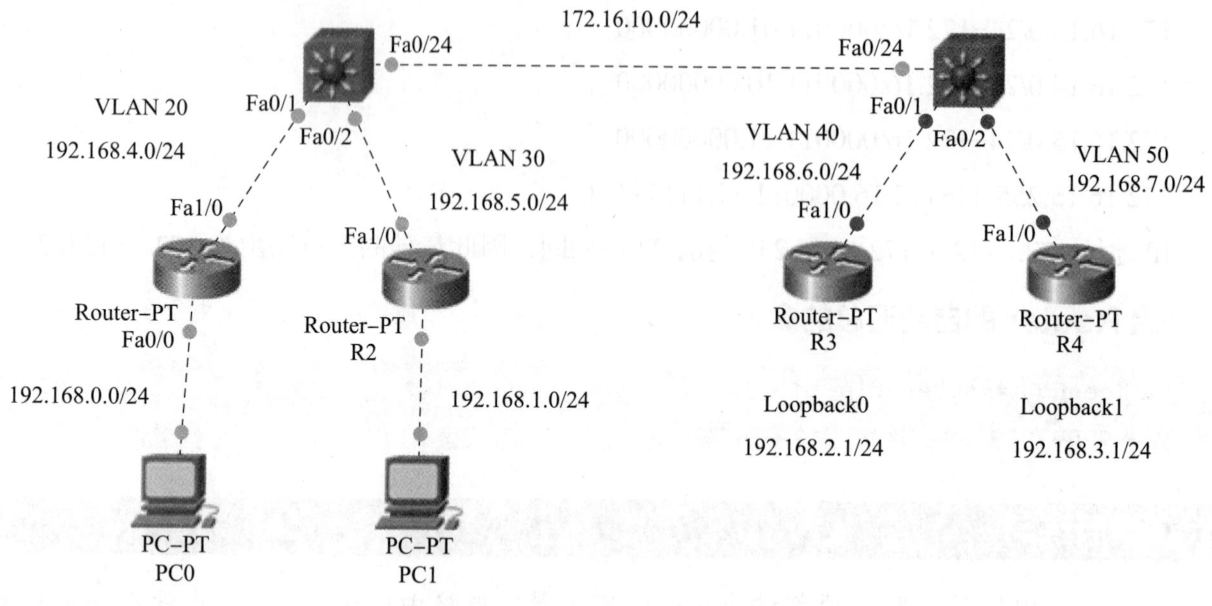

图 1–30 拓扑图

配置要求：

①按图 1–30 所示在 Packet Tracer 中绘制拓扑结构图，设备为 6 台三层交换机。

②在接入层交换机上分别创建 VLAN 10、VLAN 20、VLAN 30 和 VLAN 40，在汇聚层交换机上开启路由端口。

③所有路由器配置 RIPv2 路由协议，实现全网络的互通。

项目四

应用 OSPF 路由协议实现区域网络全互联

工单任务1　配置OSPF单区域

一、工作准备

想一想

1. OSPF 协议的全称是什么？它是什么类型的路由协议？

2. 骨干区域 Area 0 与其他 Area 的关系是什么？什么是边界路由器？

3. 基本 OSPF 配置有哪些？

二、任务描述

任务场景

在 RA、RB 路由器上配置 OSPF 单区域路由，实现全网通，如图 1–31 所示。

施工拓扑

施工拓扑图如图 1–31 所示。

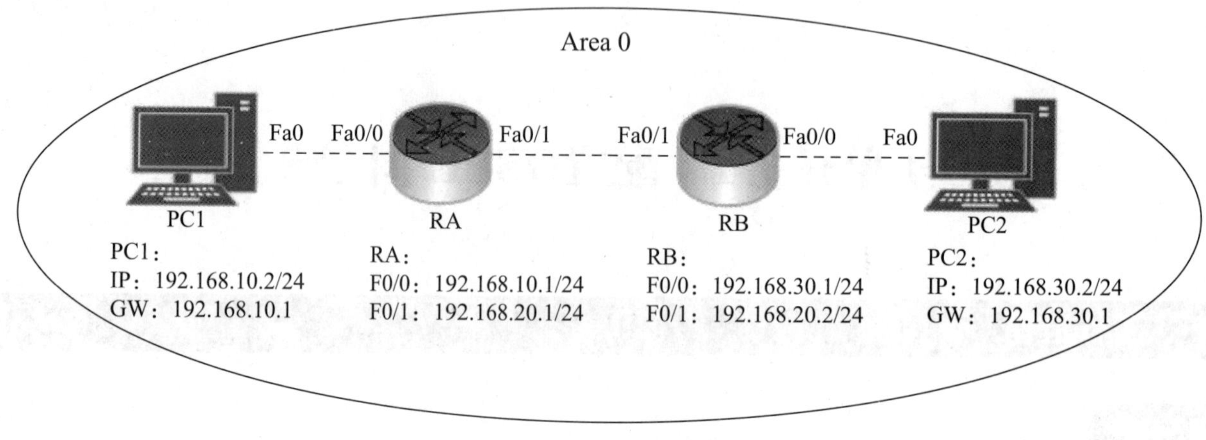

图 1–31　施工拓扑图

设备环境

本实验采用 Packet Tracer 进行实验，使用路由器型号为 Router–PT，数量为 2 台，计算机 2 台。

三、任务实施

（1）使用 Packet Tracer 搭建好拓扑图，使用路由器的型号为 Router–PT。

（2）根据拓扑要求配置 PC1 和 PC2 主机的 IP 地址，如图 1–32 所示。

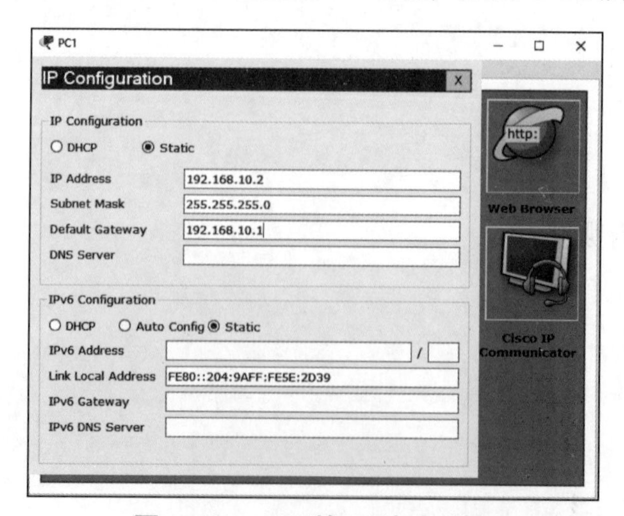

图 1–32　PC1 的 IP 地址配置

（3）配置路由器接口地址。

在 RA 路由器上配置 IP 地址。

```
RA（config）#interface fastEthernet 0/0
RA（config-if）#ip address 192.168.10.1 255.255.255.0
RA（config-if）#no shutdown
RA（config-if）#exit
RA（config）#interface fastEthernet 1/0
RA（config-if）#ip address 192.168.20.1 255.255.255.0
RA（config-if）#no shutdown
```

在 RB 路由器上配置 IP 地址。

```
RB（config）#interface fastEthernet 0/0
RB（config-if）#ip address 192.168.30.1 255.255.255.0
RB（config-if）#no shutdown
RB（config-if）#exit
RB（config）#interface fastEthernet 1/0
RB（config-if）#ip address 192.168.20.2 255.255.255.0
RB（config-if）#no shutdown
```

（4）配置 OSPF。

RA 的 OSPF 配置。

```
RA（config）#router ospf 100                    #创建OSPF进程为100
RA（config-router）#router-id 1.1.1.1
#将本路由器的ID配置为1.1.1.1
RA（config-router）#network 192.168.10.0 0.0.0.255 area 0
                                                #将直连网段发布进OSPF
RA（config-router）#network 192.168.20.0 0.0.0.255 area 0
```

RB 的 OSPF 配置。

```
RB（config）#router ospf 100
RB（config-router）#router-id 2.2.2.2
RB（config-router）#network____________
RB（config-router）#network____________
```

（5）验证。

查看 RA 的路由表。

```
RA#show ip rou
Codes: C-connected, S-static, I-IGRP, R-RIP, M-mobile, B-BGP
    D-EIGRP, EX-EIGRP external, O-OSPF, IA-OSPF inter area
    N1-OSPF NSSA external type 1, N2-OSPF NSSA external type 2
    E1-OSPF external type 1, E2-OSPF external type 2, E-EGP
    i-IS-IS, L1-IS-IS level-1, L2-IS-IS level-2, ia-IS-IS inter area
    *-candidate default, U-per-user static route, o-ODR
```

```
    P-periodic downloaded static route
Gateway of last resort is not set
C    192.168.10.0/24 is directly connected, FastEthernet0/0
C    192.168.20.0/24 is directly connected, FastEthernet1/0
O    192.168.30.0/24 [110/2] via 192.168.20.2, 00:17:37, FastEthernet1/0
```

从 RA 的路由表可以看出，RA 通过 OSPF 协议学习到了 RB 的 192.168.30.0 网段路由，OSPF 的路由标记为“O”。

查看 RB 的 OSPF 邻居信息。

```
RB#show ip ospf neighbor
Neighbor ID  Pri   State      Dead Time      Address        Interface
1.1.1.1        1   FULL/DR     00:00:32    192.168.20.1     FastEthernet1/0
```

通过 RB 的邻居表可以发现，RA 和 RB 建立了邻接关系，并且 RA 的路由 ID 为 1.1.1.1。

连通性测试：如图 1–33 所示，在 PC1 上通过 ping 命令测试，发现可以 ping 通 PC2，实验成功。

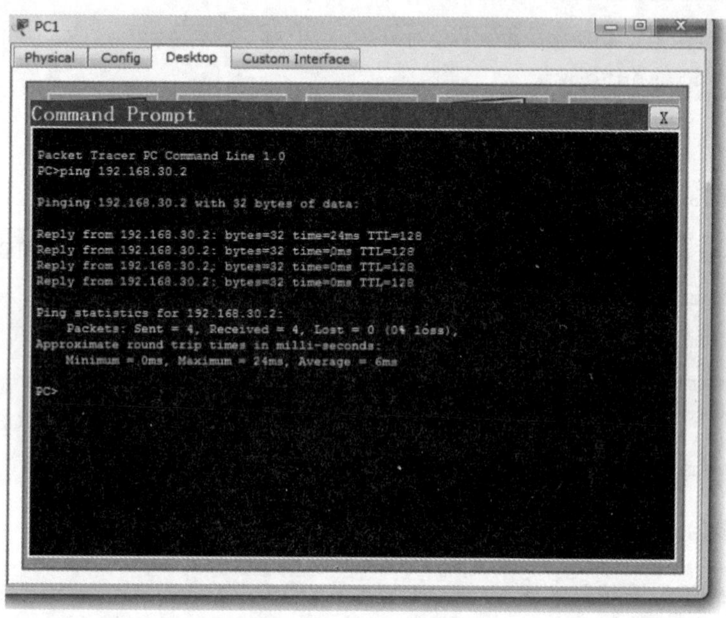

图 1–33　连通性测试

写一写

写出路由器 OSPF 相应的配置命令。

结论：

四、任务评价

评价项目	评价内容	参考分	评价标准	得分
拓扑图绘制	选择正确的连接线 选择正确的端口	20	选择正确的连接线，10 分 选择正确的端口，10 分	
IP 地址设置	正确配置两台主机的 IP 和网关地址 正确配置路由器端口地址	20	正确配置两台主机的 IP 和网关地址，10 分 正确配置路由器端口地址，10 分	
OSPF 配置	正确配置 OSPF 路由 正确开启路由器端口	20	配置 OSPF 路由，10 分 配置路由器端口，10 分	
验证测试	会查看路由表 能读懂路由表信息 会进行连通性测试	30	使用命令查看路由表，10 分 分析路由表信息含义，10 分 进行连通性测试，10 分	
职业素养	任务单填写齐全、整洁、无误	10	任务单填写齐全、工整，5 分 任务单填写无误，5 分	

五、相关知识

1. OSPF 协议简介和特点

OSPF 是 Open Shortest Path First（开放最短路由优先协议）的缩写。它是 IETF（Internet Engineering Task Force）组织开发的一个基于链路状态的自治系统内部路由协议（IGP），用于在单一自治系统（Autonomous System，AS）内决策路由。在 IP 网络上，它通过收集和传递自治系统的链路状态来动态地发现并传播路由。当前 OSPF 协议使用的是第二版，最新的 RFC 是 2328。

为了弥补距离矢量协议的局限性和缺点，发展了链路状态协议。OSPF 链路状态协议有以下优点。

①适应范围：OSPF 支持各种规模的网络，最多可支持几百台路由器。

②最佳路径：OSPF 是基于带宽来选择路径的。

③快速收敛：如果网络的拓扑结构发生变化，OSPF 立即发送更新报文，使这一变化在自治系统中同步。

④无自环：由于 OSPF 通过收集到的链路状态用最短路径树算法计算路由，因此从算法本身保证了不会生成自环路由。

⑤子网掩码：由于 OSPF 在描述路由时携带网段的掩码信息，因此 OSPF 协议不受自然掩码的限制，为 VLSM 和 CIDR 提供很好的支持。

⑥区域划分：OSPF 协议允许自治系统的网络被划分成区域来管理，区域间传送的路由信

息被进一步抽象，从而减少了占用网络的带宽。

⑦等值路由：OSPF 支持到同一目的地址的多条等值路由。

⑧路由分级：OSPF 使用 4 类不同的路由，按优先顺序，分别是区域内路由、区域间路由、第一类外部路由、第二类外部路由。

⑨支持验证：它支持基于接口的报文验证，以保证路由计算的安全性。

⑩组播发送：OSPF 在有组播发送能力的链路层上以组播地址发送协议报文，既达到了广播的作用，又最大限度地减少了对其他网络设备的干扰。

OSPF 链路状态（Link State）协议有以下两个问题要注意。

①在初始发现过程中，链路状态路由协议会在网络传输线路上进行泛洪（flood），因此会大大削弱网络传输数据的能力。

②链路状态路由对存储器容量和处理器处理能力敏感。

2. OSPF 支持的网络类型

OSPF 支持的网络类型如下。

（1）Point-to-Point：链路层协议是 PPP 或 LAPB 时，默认网络类型为点到点网络。无须选举 DR 和 BDR，当只有两个路由器的接口要形成邻接关系时才使用。

（2）Broadcast：链路层协议是 Ethernet、FDDI、Token Ring 时，默认网络类型为广播网，以组播的方式发送协议报文。

（3）NBMA：链路层协议是帧中继、ATM、HDLC 或 X.25 时，默认网络类型为 NBMA。手工指定邻居。

（4）Point-to-Multipoint（P2MP）：没有一种链路层协议会默认为 Point-to-Multipoint 类型。点到多点必然是由其他网络类型强制更改的，常见的做法是将非全连通的 NBMA 改为点到多点的网络。多播 hello 包自动发现邻居，无须手动指定邻居。

NBMA 与 P2MP 之间的区别：

①在 OSPF 协议中，NBMA 是指那些全连通的、非广播、多点可达网络；而点到多点的网络则并不需要一定是全连通的。

② NBMA 是一种默认的网络类型。点到多点不是默认的网络类型，点到多点是由其他网络类型强制更改的。

③ NBMA 用单播发送协议报文，需要手动配置邻居；点到多点是可选的，既可以用单播发送报文，也可以用多播发送报文。

④在 NBMA 中需要选举 DR 与 BDR，而在 P2MP 网络中没有 DR 与 BDR。另外，广播网中也需要选举 DR 和 BDR。

3. OSPF 的报文类型

OSPF 的报文类型一共有以下 5 种。

（1）HELLO 报文（Hello Packet）：最常用的一种报文，周期性地发送给本路由器的邻居。内容包括一些定时器的数值、DR、BDR，以及自己已知的邻居。HELLO 报文中包含有 Router ID、Hello/deadintervals、Neighbors、Area-ID、Router priority、DR IPaddress、BDR IP address、Authenticationpassword、Stub area flag 等信息，其中 Hello/deadintervals、Area-ID、Authenticationpassword、Stub area flag 必须一致，相邻路由器才能建立邻居关系。

（2）DBD 报文（Database Description Packet）：两台路由器进行数据库同步时，用 DBD 报文来描述自己的 LSDB，内容包括 LSDB 中每一条 LSA 的摘要（摘要是指 LSA 的 HEAD，通过该 HEAD 可以唯一标识一条 LSA）。这样做是为了减少路由器之间传递信息的量，因为 LSA 的 HEAD 只占一条 LSA 的整个数据量的一小部分，根据 HEAD，对端路由器就可以判断出是否已经有了这条 LSA。

（3）LSR 报文（Link State Request Packet）：两台路由器互相交换 DBD 报文之后，知道对端的路由器有哪些 LSA 是本地 LSDB 所缺少的或是对端更新的，这时需要发送 LSR 报文向对方请求所需的 LSA。内容包括所需要的 LSA 的摘要。

（4）LSU 报文（Link State Update Packet）：用来向对端路由器发送所需要的 LSA，内容是多条 LSA（全部内容）的集合。

（5）LSAck 报文（Link State Acknowledgment Packet）：用来对接收到的 DBD、LSU 报文进行确认，内容是需要确认的 LSA 的 HEAD（一个报文可对多个 LSA 进行确认）。

4. OSPF 路由配置

（1）创建一个 OSPF 进程，进程号的范围为 1~65 535。

```
Router(config)#router ospf [process-id]
```

（2）配置当前路由的 ID，相当于每台路由器在 OSPF 中的名称，同一区域内不能相同，格式和 IP 地址相同，都是点分十进制，取值范围为 0.0.0.0~255.255.255.255。

```
Router(config-router)#router-id [id-number]
```

（3）将直连网络发布到 OSPF 中，这里和 RIP 协议不同的地方在于，发布时需要添加所对应网段的反掩码和区域编号。

```
Router(config-router)#network network-address wildcard-mask area-number
```

六、课后练习

1. OSPF 路由协议适用于基于（　　）的协议。

A. IP　　B. TCP　　C. UDP　　D. ARP

2. 在 OSPF 路由协议中，两个在同一区域内运行 OSPF 的路由器之间的关系是（　　）。

A. Neighbor　　B. Adjacency　　C. 没有关系　　D. 以上答案均不正确

3. OSPF 路由协议以（ ）报文来封装自己的协议报文，协议号是 89。

A. IP 报文　B. IPX 报文　C. TCP 报文　D. UDP 报文

4. 在 OSPF 路由协议计算出的路由中，（ ）的优先级最低。

A. 区域内路由　B. 区域间路由

C. 第一类外部路由　D. 第二类外部路由

5. OSPF 路由协议区域间的环路避免是通过（ ）实现的。

A. 分层结构的拓扑　B. 基于 SPF 计算出的无环路径

C. 基于 Area ID　D. 基于 AS ID

工单任务2　配置OSPF多区域

一、工作准备

想一想

1. OSPF 路由协议的全称是什么？它是什么类型的路由协议？

2. 在规划 OSPF 区域时应注意哪些问题？

二、任务描述

任务场景

在 RA、RB、RC 3 台路由器上配置 OSPF 路由协议，实现全网互通。其中 RA 的回环口 L0 放在 Area 1 区域，RC 的回环口 L0 放在 Area 2 区域，其余的路由器互连接口全部放在 Area 0 区域，如图 1-34 所示。

施工拓扑

施工拓扑图如图 1–34 所示。

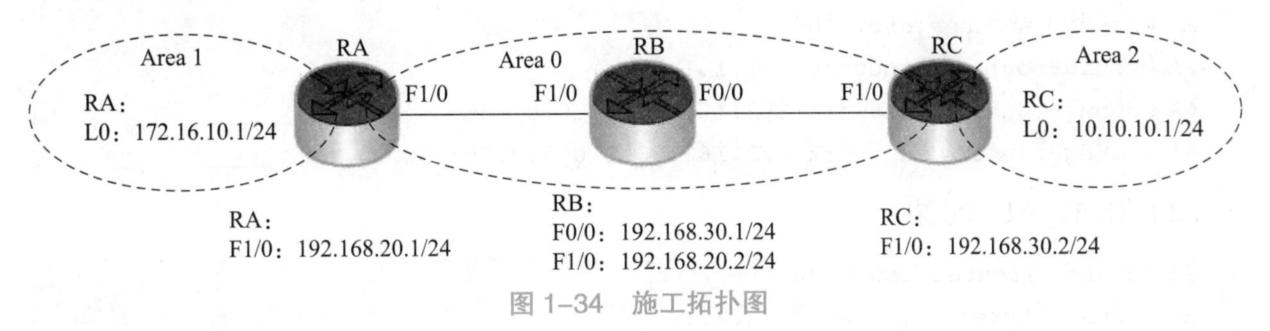

图 1–34　施工拓扑图

设备环境

本实验采用 Packet Tracer 进行实验，使用路由器型号为 Router–PT，数量为 3 台。

三、任务实施

1. 配置路由器接口地址

（1）在 RA 路由器上配置 IP 地址。

```
RA(config)#interface loopback 0
RA(config-if)#ip address 172.16.10.1 255.255.255.0
RA(config-if)#exit
RA(config)#interface fastEthernet 1/0
RA(config-if)#ip address 192.168.20.1 255.255.255.0
RA(config-if)#no shutdown
```

（2）在 RB 路由器上配置 IP 地址。

```
RB(config)#interface fastEthernet 0/0
RB(config-if)#ip address 192.168.30.1 255.255.255.0
RB(config-if)#no shutdown
RB(config-if)#exit
RB(config)#interface fastEthernet 1/0
RB(config-if)#ip address 192.168.20.2 255.255.255.0
RB(config-if)#no shutdown
```

（3）在 RC 路由器上配置 IP 地址。

```
RC(config)#interface loopback 0
RC(config-if)#ip address 10.10.10.1 255.255.255.0
RC(config-if)#exit
RC(config)#interface fastEthernet 1/0
RC(config-if)#ip address 192.168.30.2 255.255.255.0
RC(config-if)#no shutdown
```

2. 配置 OSPF 路由协议

（1）RA 的 OSPF 配置。

```
RA(config)#router ospf 100
RA(config-router)#router-id 1.1.1.1
RA(config-router)#network 172.16.10.0 0.0.0.255 area________________
RA(config-router)#network 192.168.20.0 0.0.0.255 area________________
```

（2）RB 的 OSPF 配置。

```
RB(config)#router ospf 100
RB(config-router)#router-id 2.2.2.2
RB(config-router)#network________________
RB(config-router)#network________________
```

（3）RC 的 OSPF 配置。

```
RC(config)#router ospf 100
RC(config-router)#router-id 3.3.3.3
RC(config-router)#network 10.10.10.0 0.0.0.255 area 2
RC(config-router)#network 192.168.30.0 0.0.0.255 area 0
```

3. 验证

（1）在 RA 路由器上查看路由表。

```
RA#show ip rou
Codes:C-connected, S-static, I-IGRP, R-RIP, M-mobile, B-BGP
   D-EIGRP, EX-EIGRP external, O-OSPF, IA-OSPF inter area
   N1-OSPF NSSA external type 1, N2-OSPF NSSA external type 2
   E1-OSPF external type 1, E2-OSPF external type 2, E-EGP
   i-IS-IS, L1-IS-IS level-1, L2-IS-IS level-2, ia-IS-IS inter area
   *-candidate default, U-per-user static route, o-ODR
   P-periodic downloaded static route
Gateway of last resort is not set
   10.0.0.0/32 is subnetted, 1 subnets
O IA    10.10.10.1 [110/3] via 192.168.20.2, 00:06:21, FastEthernet1/0
   172.16.0.0/24 is subnetted, 1 subnets
C       172.16.10.0 is directly connected, Loopback0
C    192.168.20.0/24 is directly connected, FastEthernet1/0
O    192.168.30.0/24 [110/2] via 192.168.20.2, 00:06:31, FastEthernet1/0
```

观察 RA 的路由表，发现多了一条标记为“O IA”的路由，这个标记表示这条路由是从别的区域学到的，也称这种路由为域间路由。“O”路由表示本区域内的路由。RA 路由器通过 OSPF 学到了 10.10.10./［110/3］和 192.168.30.0 这两条路由。

（2）在 RB 路由器上查看路由表。

```
RB#show ip rou
Codes:C-connected, S-static, I-IGRP, R-RIP, M-mobile, B-BGP
   D-EIGRP, EX-EIGRP external, O-OSPF, IA-OSPF inter area
   N1-OSPF NSSA external type 1, N2-OSPF NSSA external type 2
   E1-OSPF external type 1, E2-OSPF external type 2, E-EGP
   i-IS-IS, L1-IS-IS level-1, L2-IS-IS level-2, ia-IS-IS inter area
   *-candidate default, U-per-user static route, o-ODR
   P-periodic downloaded static route
Gateway of last resort is not set
   10.0.0.0/32 is subnetted, 1 subnets
O IA    10.10.10.1 [110/2] via 192.168.30.2, 00:13:15, FastEthernet0/0
   172.16.0.0/32 is subnetted, 1 subnets
O IA    172.16.10.1 [110/2] via 192.168.20.1, 00:17:25, FastEthernet1/0
C    192.168.20.0/24 is directly connected, FastEthernet1/0
C    192.168.30.0/24 is directly connected, FastEthernet0/0
```

RB 路由器通过 OSPF 学到了 10.10.10.1［110/2］和 172.16.10.1［110/2］这两条路由。

（3）在 RC 路由器上查看路由表。

```
RC#show ip rou
Codes:C-connected, S-static, I-IGRP, R-RIP, M-mobile, B-BGP
   D-EIGRP, EX-EIGRP external, O-OSPF, IA-OSPF inter area
   N1-OSPF NSSA external type 1, N2-OSPF NSSA external type 2
   E1-OSPF external type 1, E2-OSPF external type 2, E-EGP
   i-IS-IS, L1-IS-IS level-1, L2-IS-IS level-2, ia-IS-IS inter area
   *-candidate default, U-per-user static route, o-ODR
   P-periodic downloaded static route
Gateway of last resort is not set
   10.0.0.0/24 is subnetted, 1 subnets
C      10.10.10.0 is directly connected, Loopback0
   172.16.0.0/32 is subnetted, 1 subnets
O IA    172.16.10.1 [110/3] via 192.168.30.1, 00:14:40, FastEthernet1/0
O    192.168.20.0/24 [110/2] via 192.168.30.1, 00:14:40, FastEthernet1/0
C    192.168.30.0/24 is directly connected, FastEthernet1/0
```

RC 路由器通过 OSPF 学到了 192.168.20.0 和 172.16.10.1［110/3］这两条路由。

（4）连通性测试。

```
RA#ping 192.168.20.1
Type escape sequence to abort.
Sending 5, 100-byte ICMP Echos to 192.168.20.1, timeout is 2 seconds:
!!!!!
Success rate is 100 percent (5/5), round-trip min/avg/max = 1/5/14 ms
```

```
RA#ping 192.168.20.2
Type escape sequence to abort.
Sending 5, 100-byte ICMP Echos to 192.168.20.2, timeout is 2 seconds:
!!!!!
Success rate is 100 percent (5/5), round-trip min/avg/max = 0/0/0 ms

RA#ping 192.168.30.1
Type escape sequence to abort.
Sending 5, 100-byte ICMP Echos to 192.168.30.1, timeout is 2 seconds:
!!!!!
Success rate is 100 percent (5/5), round-trip min/avg/max = 0/0/1 ms

RA#ping 192.168.30.2
Type escape sequence to abort.
Sending 5, 100-byte ICMP Echos to 192.168.30.2, timeout is 2 seconds:
!!!!!
Success rate is 100 percent (5/5), round-trip min/avg/max = 0/0/1 ms

RA#ping 10.10.10.1
Type escape sequence to abort.
Sending 5, 100-byte ICMP Echos to 10.10.10.1, timeout is 2 seconds:
!!!!!
Success rate is 100 percent (5/5), round-trip min/avg/max = 0/0/1 ms
```

使用 ping 命令通过 RA 测试所有节点的连通性，都可以正常通信，实验成功。

写一写

写出在路由器 OSPF 多区域的划分原则。

结论:

四、任务评价

评价项目	评价内容	参考分	评价标准	得分
拓扑图绘制	选择正确的连接线 选择正确的端口	20	选择正确的连接线，10 分 选择正确的端口，10 分	
IP 地址设置	正确配置路由器的回环地址 正确配置路由器端口地址	20	正确配置路由器的回环地址，10 分 正确配置路由器端口地址，10 分	
路由器命令配置	正确配置 OSPF 路由 正确开启路由器端口	20	配置 OSPF 路由，10 分 配置路由器端口，10 分	
验证测试	会查看路由表 能读懂路由表信息 会进行连通性测试	30	使用命令查看路由表，10 分 分析路由表信息含义，10 分 进行连通性测试，10 分	
职业素养	任务单填写齐全、整洁、无误	10	任务单填写齐全、工整，5 分 任务单填写无误，5 分	

五、相关知识

1. OSPF 的邻居状态机

（1）Down：邻居状态机的初始状态，是指在过去的 Dead-Interval 时间内没有收到对方的 HELLO 报文。

（2）Attempt：只适用于 NBMA 类型的接口，处于本状态时，定期向那些手动配置的邻居发送 HELLO 报文。

（3）Init：本状态表示已经收到了邻居的 HELLO 报文，但是该报文中列出的邻居中没有包含“我”的路由 ID（对方并没有收到“我”发的 HELLO 报文）。

（4）2-Way：本状态表示双方互相收到了对端发送的 HELLO 报文，建立了邻居关系。在广播和 NBMA 类型的网络中，如果路由器都配置了优先级为 0，那么这些优先级为 0 的路由器将无法进行指定路由器（DR）和备份指定路由器（BDR）的选举，这会导致路由器停留在 2-Way 状态，无法进入更高级的状态。其他情况状态机将继续转入高级状态。

（5）ExStart：在此状态下，路由器和它的邻居通过互相交换 DBD 报文（该报文并不包含实际的内容，只包含一些标志位）来决定发送时的主 / 从关系。建立主 / 从关系主要是为了保证在后续的 DBD 报文交换中能够有序地发送。

（6）Exchange：路由器将本地的 LSDB 用 DBD 报文来描述，并发给邻居。

（7）Loading：路由器发送 LSR 报文向邻居请求对方的 DBD 报文。

（8）Full：在此状态下，邻居路由器的 LSDB 中所有的 LSA 本路由器全都有了，即本路由器和邻居建立了邻接（adjacency）状态。

2. OSPF LSA（Link-State Advertisement）介绍

OSPF 是基于链路状态算法的路由协议，所有对路由信息的描述都是封装在 LSA 中发送出去的。LSA 根据不同的用途分为不同的种类，目前使用最多的是以下 6 种 LSA。

（1）Router LSA（类型 1）：本类型是最基本的 LSA 类型，所有运行 OSPF 的路由器都会生成这种 LSA。主要描述本路由器运行 OSPF 的接口的连接状况、花费值等信息。对于 ABR，它会为每个区域生成一条 Router LSA。这种类型的 LSA 传递的范围是它所属的整个区域。

（2）Network LSA（类型 2）：本类型的 LSA 由 DR 生成。对于广播和 NBMA 类型的网络，为了减少该网段中路由器之间交换报文的次数而提出了 DR 的概念。一个网段中有了 DR 之后，不仅发送报文的方式有所改变，链路状态的描述也发生了变化。在 DROther 和 BDR 的 Router LSA 中，只描述到 DR 的连接，而 DR 则通过 Network LSA 来描述本网段中所有已经同其建立了邻接关系的路由器（分别列出它们的路由 ID）。同样，这种类型的 LSA 传递的范围是它所属的整个区域。

（3）Network Summary LSA（类型 3）：本类型的 LSA 由 ABR 生成。当 ABR 完成它所属一个区域中的区域内路由计算之后，查询路由表，将本区域内的每一条 OSPF 路由封装成 Network Summary LSA 发送到区域外。LSA 中描述了某条路由的目的地址、掩码、花费值等信息。这种类型的 LSA 传递的范围是 ABR 中除该 LSA 生成区域之外的其他区域。

（4）ASBR Summary LSA（类型 4）：本类型的 LSA 同样是由 ABR 生成的。内容主要是描述到达本区域内部的 ASBR 的路由。这种 LSA 与类型 3 的 LSA 内容基本一样，只是类型 4 的 LSA 描述的目的地址是 ASBR，是主机路由，所以掩码为 0.0.0.0。这种类型的 LSA 传递的范围与类型 3 的 LSA 相同。

（5）AS External LSA（类型 5）：本类型的 LSA 由 ASBR 生成。主要描述了到自治系统外部路由的信息，LSA 中包含某条路由的目的地址、掩码、花费值等信息。本类型的 LSA 是唯一与区域无关的 LSA 类型，它并不与某一个特定的区域相关。这种类型的 LSA 传递的范围是整个自治系统（STUB 区域除外）。

（6）NSSA External LSA（类型 6）：类型 6 的 LSA 被应用在非完全末节区域中（NSSA）。

3. DR（指定路由器）和 BDR（备份指定路由器）介绍

为减少多路访问网络中 OSPF 的流量，OSPF 会选择一个指定路由器（DR）和一个备份指定路由器（BDR）。当多路访问网络发生变化时，DR 负责更新其他所有 OSPF 路由器。BDR 会监控 DR 的状态，并在当前 DR 发生故障时接替其角色。

在多路访问网络上，可能存在多个路由器，为了避免路由器之间建立完全相邻关系而引起的大量开销，OSPF 要求在区域中选举一个 DR。每个路由器都与之建立完全相邻关系。

DR 负责收集所有的链路状态信息，并发布给其他路由器。选举 DR 的同时也选举出一个 BDR，当 DR 失效时，BDR 担负起 DR 的职责。

进行 DR/BDR 选举时，每台路由器将自己选出的 DR 写入 HELLO 报文中，发给网段上的每台运行 OSPF 协议的路由器。当处于同一网段的两台路由器同时宣布自己是 DR 时，路由器优先级高者胜出。若优先级相等，则 Router ID 大者胜出。若一台路由器的优先级为 0，则它不会被选举为 DR 或 BDR。

六、课后练习

1. 一台运行 OSPF 的路由器，它的一个接口属于区域 0，另一个接口属于区域 9，并且引入了 5 条静态路由，则该路由器至少会生成（　　）条 LSA。

A. 5　　B. 7　　C. 8　　D. 9　　E.10

2. 下列 OSPF 报文中会出现完整的 LSA 信息的是（　　）。

A. HELLO 报文（Hello Packet）　　B. DBD 报文（Database Description Packet）

C. LSR 报文（Link State Request Packet）　　D. LSU 报文（Link State Update Packet）

3. LSAck 报文是对（　　）的确认。

A. HELLO 报文（Hello Packet）　　B. DBD 报文（Database Description Packet）

C. LSR 报文（Link State Request Packet）　　D. LSU 报文（Link State Update Packet）

4. OSPF 选举 DR、BDR 时，会使用（　　）报文。

A. HELLO 报文（Hello Packet）　　B. DBD 报文（Database Description Packet）

C. LSR 报文（Link State Request Packet）　　D. LSU 报文（Link State Update Packet）

E. LSAck 报文（Link State Acknowledgment Packet）

项目小结

OSPF 是目前企业网内应用最广泛的协议，路由变化收敛快，采用链路状态算法作为路由选路算法，和 RIP 相比，在选路上更加优化。支持分级管理，可以构建无环拓扑。

项目实践

使用模拟器或者真实设备完成图 1-35 所示的拓扑图配置。

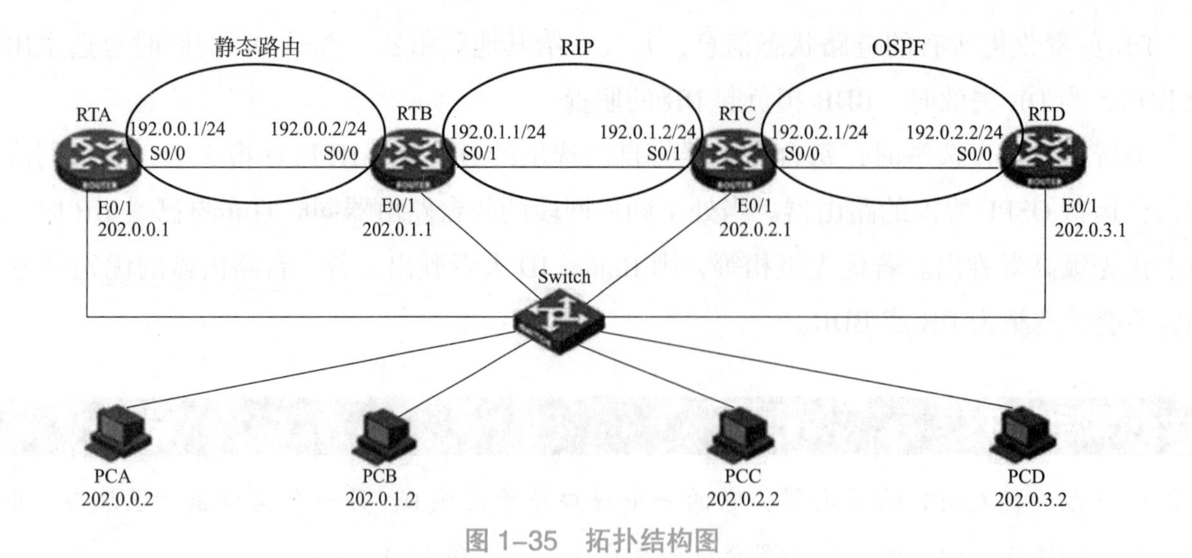

图 1-35　拓扑结构图

要求在 RTA 与 RTB 之间配置静态路由，在 RTB 与 RTC 之间启动 RIP 协议，在 RTC 与 RTD 之间启动 OSPF 协议。各路由器的各串口默认封装 PPP 协议，不做另外的配置。交换机在此不需要配置。

路由器的各接口 IP 地址分配如表 1-4 所示。

表 1-4　路由器的各接口 IP 地址

接口编号	RTA	RTB	RTC	RTD
E0/1	202.0.0.1/24	202.0.1.1/24	202.0.2.1/24	202.0.3.1/24
S0/0	192.0.0.1/24	192.0.0.2/24	192.0.2.1/24	192.0.2.2/24
S0/1		192.0.1.1/24	192.0.1.2/24	

计算机的 IP 地址和网关地址分配如表 1-5 所示。

表 1-5　IP 主机地址和网关地址

信息名称	PCA	PCB	PCC	PCD
IP 地址	202.0.0.2/24	202.0.1.2/24	202.0.2.2/24	202.0.3.2/24
网关	202.0.0.1	202.0.1.1	202.0.2.1	202.0.3.1

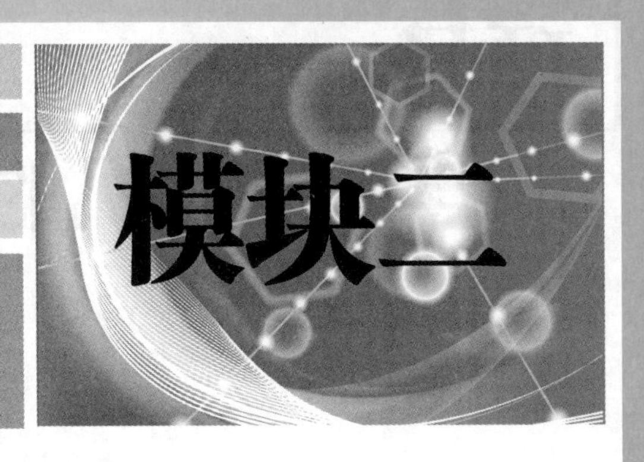

模块二 交换机技术

【模块引言】

交换技术是随着电话通信的发展和使用而出现的通信技术。电话的发明使得人类的声音第一次转换为电信号，并通过电话线实现了远距离传输。而刚开始使用时，只能实现固定的两个人之间的通话，随着用户的增加，人们开始研究如何构建连接多个用户的电话网络，以实现任意两个用户之间的通信。本模块以交换机为核心，重点学习二层交换机和三层路由交换机的工作原理和使用。

【学习目标】

知识目标：

- 了解交换机的功能、作用和工作原理。
- 掌握基本交换机技术的配置方法。
- 理解虚拟局域网、聚合技术、生成树技术的工作原理。

能力目标：

- 能够说出交换机技术的工作过程和配置方法。
- 能够正确在交换机上配置有关交换技术。
- 能够分析基本的交换技术故障信息，会使用命令准确排故。

素质目标：

- 联系学生实际，引导学生遇到问题应努力解决，培养学生的责任意识和团结意识。
- 引导学生注意细节，培养学生具有工匠精神的职业意识。
- 培养学生团队协作、交流，提升团队合作和交流表达能力。

项目一

学习交换机的基础配置

工单任务1　配置基础VLAN实验

一、工作准备

做一做

在 Packet Tracer 中添加一个二层交换机（2960），为交换机修改设备名称为 SW1。

写一写

写出为交换机创建 VLAN 10，并将端口 1 加入 VLAN 中的命令。

```
SW（config）#____________________        # 创建 VLAN 10
SW（config）#____________________        # 进入 1 号端口模式
SW（config-if）#____________________
```

二、任务描述

任务场景

PC1 和 PC2 分别接入 SW1 交换机的 F0/1 和 F0/2 端口，配置交换机将 F0/1 口放入 VLAN 10，F0/2 口放入 VLAN 20，网络拓扑结构如图 2-1 所示。

施工拓扑

施工拓扑图如图 2–1 所示。

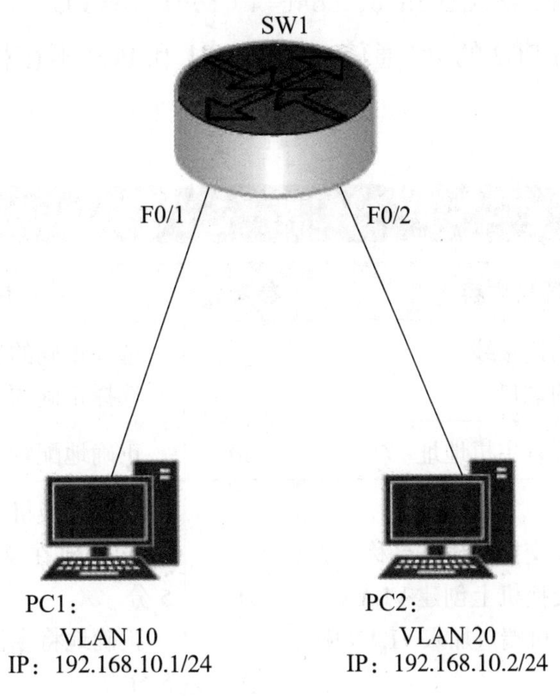

图 2–1　施工拓扑图

设备环境

本实验采用 Packet Tracer 进行实验，使用二层交换机，型号为 2950T–24，数量为 1 台，计算机 2 台。

三、任务实施

1. 在 SW1 交换机上创建 VLAN

```
SW1（config）#vlan 10
SW1（config）#vlan 20
SW1（config）#int fastEthernet 0/1
SW1（config-if）#switchport access vlan 10
SW1（config）#int fastEthernet 0/2
SW1（config-if）#switchport access vlan 20
```

2. 测试网络连通性

```
PC1>ping 192.168.10.2
Pinging 192.168.10.2 with 32 bytes of data:
Request timed out.
Request timed out.
```

```
Request timed out.
Request timed out.
Ping statistics for 192.168.10.2:
    Packets: Sent=4, Received=0, Lost=4 (100% loss),
```

PC1 通过 ping 命令与 PC2 的 PC 通信，由于 PC1 和 PC2 不在相同的 VLAN，因此不能相互通信，实验成功。

四、任务评价

评价项目	评价内容	参考分	评价标准	得分
拓扑图绘制	选择正确的连接线 选择正确的端口	20	选择正确的连接线，10 分 选择正确的端口，10 分	
IP 地址设置	正确地配置各主机地址	20	正确地配置两台主机地址，20 分	
交换机命令配置	正确地配置交换机设备名称 正确地在交换机上创建 VLAN 正确地将主机端口加入 VLAN 中	20	配置交换机设备名称，10 分 正确地在交换机上创建 VLAN，5 分 正确地将主机端口加入 VLAN 中，5 分	
验证测试	会查看路由表 能读懂配置信息 会进行连通性测试	30	使用命令查看路由表，10 分 分析路由表信息含义，10 分 进行连通性测试，10 分	
职业素养	任务单填写齐全、整洁、无误	10	任务单填写齐全、工整，5 分 任务单填写无误，5 分	

五、相关知识

1. 交换机的工作原理

交换机根据收到数据帧中的源 MAC 地址建立该地址同交换机端口的映射，并将其写入 MAC 地址表中。将数据帧中的目的 MAC 地址同已建立的 MAC 地址表进行比较，以决定由哪个端口进行转发。如果数据帧中的目的 MAC 地址不在 MAC 地址表中，那么向所有端口转发，这一过程称为泛洪（flood）。交换机中的广播帧和组播帧向所有的端口转发。

2. 交换机的主要功能

（1）学习。以太网交换机了解每一端口相连设备的 MAC 地址，并将地址与相应的端口映射起来存放在交换机缓存中的 MAC 地址表中。

交换机地址的学习过程如图 2–2 所示。

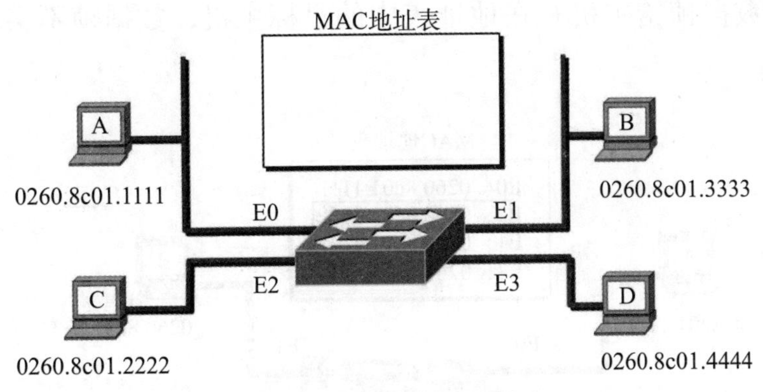

图 2–2　空 MAC 地址表

①最初时 MAC 地址表是空的。

②主机 A 发送数据帧给主机 C。

③交换机通过学习数据帧的源 MAC 地址，记录下主机 A 的 MAC 地址对应端口 E0。

④该数据帧转发到除端口 E0 以外的其他所有端口（不清楚目标主机的单点传送用泛洪方式），如图 2–3 所示。

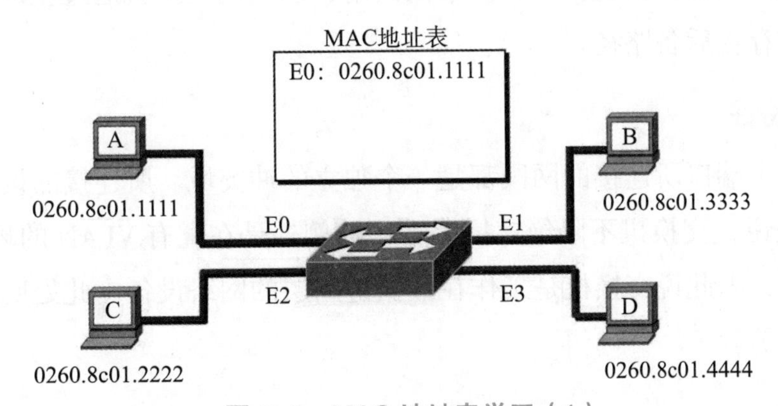

图 2–3　MAC 地址表学习（1）

⑤主机 D 发送数据帧给主机 C。

⑥交换机通过学习数据帧的源 MAC 地址，记录下主机 D 的 MAC 地址对应端口 E3。

⑦该数据帧转发到除端口 E3 以外的其他所有端口（不清楚目标主机的单点传送用泛洪方式），如图 2–4 所示。

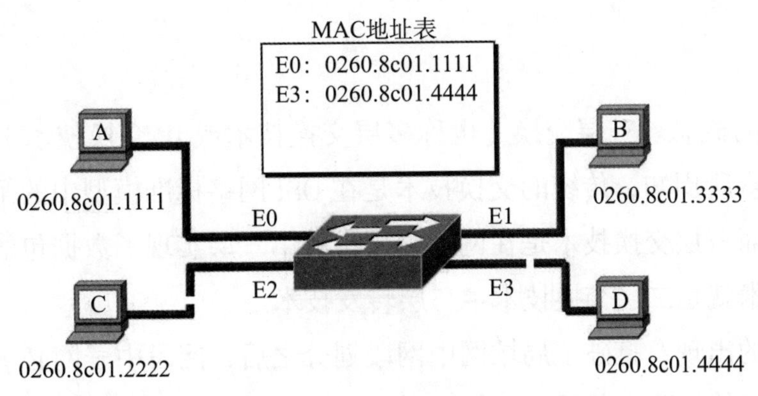

图 2–4　MAC 地址表学习（2）

⑧主机 A 发送数据帧给主机 C 在地址表中的目标主机，数据帧不会泛洪而直接转发，如图 2-5 所示。

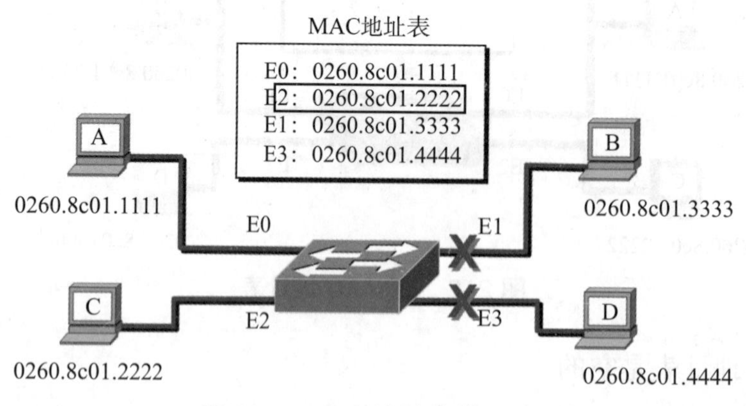

图 2-5　MAC 地址表学习（3）

（2）转发 / 过滤。当一个数据帧的目的地址在 MAC 地址表中有映射时，它被转发到连接目的节点的端口而不是所有端口（若该数据帧为广播帧 / 组播帧，则转发至所有端口）。

（3）消除回路。当交换机包括一个冗余回路时，以太网交换机通过生成树协议避免回路的产生，同时允许存在后备路径。

3. 交换机的工作特性

交换机的每一个端口所连接的网段都是一个独立的冲突域。所连接的设备仍然在同一个广播域内，也就是说，交换机不隔绝广播（唯一的例外是在配有 VLAN 的环境中），依据帧头的信息进行转发，因此说交换机是工作在数据链路层的网络设备（此处所述交换机仅指传统的二层交换设备）。

4. 交换机的分类

（1）存储转发。交换机在转发之前必须接收整个帧，并进行错误校检，如无错误，再将这一帧发往目的地址。帧通过交换机的转发时延随帧长度的不同而变化。

（2）直通式。交换机只要检查到帧头中所包含的目的地址就立即转发该帧，而无须等待帧全部被接收，也不进行错误校验。由于以太网帧头的长度总是固定的，因此帧通过交换机的转发时延也保持不变。

5. 三层交换机

（1）三层交换的概念。三层交换（也称多层交换技术或 IP 交换技术）是相对于传统交换概念而提出的。众所周知，传统的交换技术是在 OSI 网络标准模型中的第二层——数据链路层进行操作的，而三层交换技术是在网络模型中的第三层实现了数据包的高速转发。简单地说，三层交换技术就是二层交换技术＋三层转发技术。

三层交换技术的出现，打破了局域网中网段划分之后，网段中子网必须依赖路由器进行管理的局面，解决了传统路由器低速、复杂所造成的网络“瓶颈”问题。

（2）三层交换原理。一个具有三层交换功能的设备，是一个带有三层路由功能的交换机，但它是二者的有机结合，并不是简单地把路由器设备的硬件及软件叠加在局域网交换机上。

假设两个使用 IP 协议的站点 A、B 通过第三层交换机进行通信，发送站点 A 在开始发送时，把自己的 IP 地址与 B 站的 IP 地址比较，判断 B 站是否与自己在同一子网内。若目的站 B 与发送站 A 在同一子网内，则进行二层的转发。若两个站点不在同一子网内，如发送站 A 要与目的站 B 通信，发送站 A 要向“默认网关”发出 ARP（地址解析）封包，而“默认网关”的 IP 地址其实是三层交换机的三层交换模块。当发送站 A 对“默认网关”的 IP 地址广播出一个 ARP 请求时，如果三层交换模块在以前的通信过程中已经知道 B 站的 MAC 地址，那么向发送站 A 回复 B 的 MAC 地址。否则，三层交换模块根据路由信息向 B 站广播一个 ARP 请求，B 站得到此 ARP 请求后，向三层交换模块回复其 MAC 地址，三层交换模块保存此地址并回复给发送站 A，同时将 B 站的 MAC 地址发送到二层交换引擎的 MAC 地址表中。从这以后，A 向 B 发送的数据包便全部交给二层交换机处理，信息得到高速交换。由于仅仅在路由过程中才需要三层处理，绝大部分数据都通过二层交换机转发，因此三层交换机的速度很快，接近二层交换机的速度，同时比相同路由器的价格低很多。

6. VLAN

（1）VLAN 的介绍。VLAN（Virtual LAN）翻译成中文是“虚拟局域网”。LAN 可以是由少数几台家用计算机构成的网络，也可以是数以百计的计算机构成的企业网络。VLAN 所指的 LAN 特指使用路由器分割的网络，也就是广播域。

（2）广播域。广播域指的是广播帧（目标 MAC 地址全部为 1）所能传递到的范围，也即能够直接通信的范围。严格地说，不仅仅是广播帧，多播帧（Multicast Frame）和目标不明的单播帧（Unknown Unicast Frame）也能在同一个广播域中畅行无阻。二层交换机只能构建单一的广播域，不过使用 VLAN 功能后，它能够将网络分割成多个广播域。

如果仅有一个广播域，会影响到网络整体的传输性能，所以广播域需要尽可能地缩小。

（3）VLAN 通信原理。①在一台未设置任何 VLAN 的二层交换机上，任何广播帧都会被转发给除接收端口外的所有其他端口（Flooding），如图 2–6 所示。

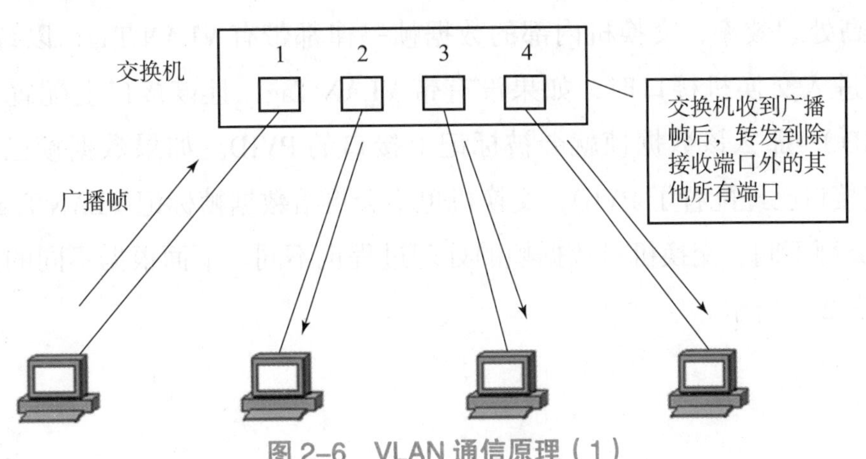

图 2–6　VLAN 通信原理（1）

②假设将交换机上的 VLAN 定义为红、蓝两个 VLAN；同时设置端口 1、2 属于红色 VLAN，端口 3、4 属于蓝色 VLAN。如果再从 A 发出广播帧，交换机就只会把它转发给同属于红色 VLAN 的端口 2，不会再转发给属于蓝色 VLAN 的端口，如图 2–7 所示。

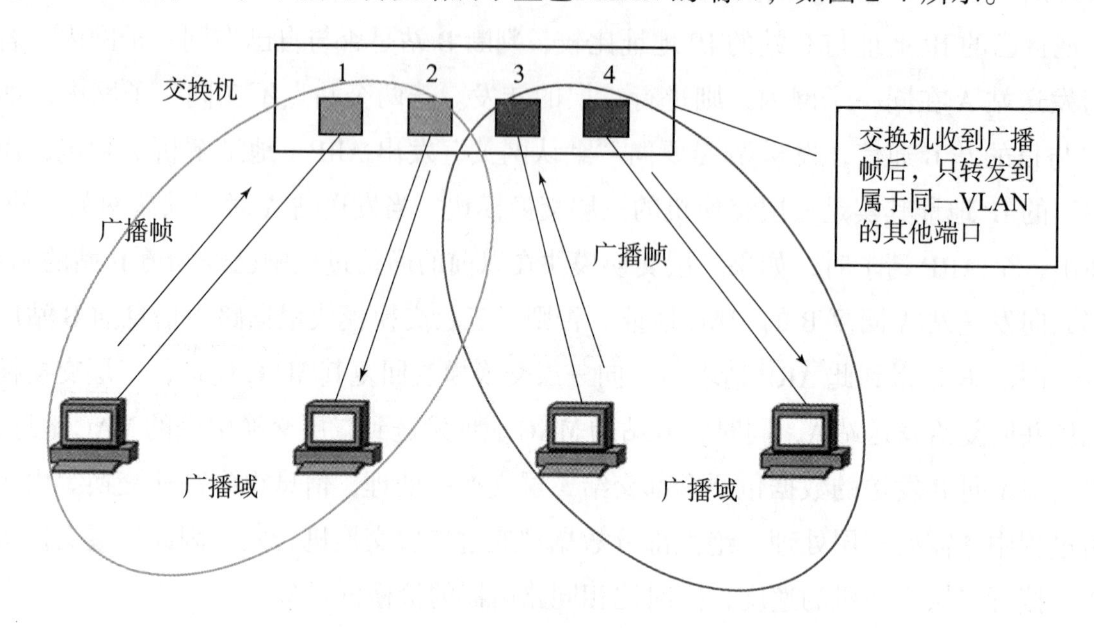

图 2–7　VLAN 通信原理（2）

③ VLAN 的帧格式如图 2–8 所示。

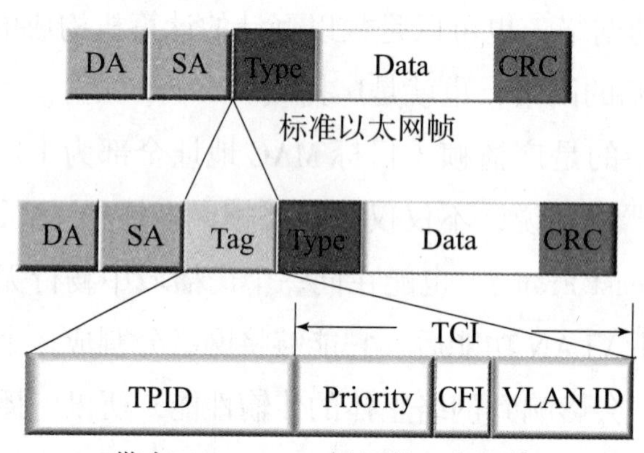

图 2–8　VLAN 的帧格式

④为了提高处理效率，交换机内部的数据帧一律都带有 VLAN Tag，以统一方式处理。当一个数据帧进入交换机接口时，如果没有带 VLAN Tag，且该接口上配置了 PVID（Port Default VLAN ID），那么该数据帧就会被标记上接口的 PVID。如果数据帧已经带有 VLAN Tag，那么即使接口已经配置了 PVID，交换机也不会再给数据帧标记 VLAN Tag。

由于接口类型不同，交换机对数据帧的处理过程也不同。下面根据不同的接口类型分别进行介绍，如表 2–1 所示。

表 2-1　交换机接口类型

接口类型	对接收不带 Tag 的报文处理	对接收带 Tag 的报文处理	发送帧处理过程
Access 接口	接收该报文，并打上默认的 VLAN ID	当 VLAN ID 与默认 VLAN ID 相同时，接收该报文； 当 VLAN ID 与默认 VLAN ID 不同时，丢弃该报文	先剥离帧的 PVID Tag，然后再发送
Trunk 接口	打上默认的 VLAN ID，当默认 VLAN ID 在允许通过的 VLAN ID 列表里时，接收该报文； 当默认 VLAN ID 不在允许通过的 VLAN ID 列表里时，丢弃该报文	当 VLAN ID 在接口允许通过的 VLAN ID 列表里时，接收该报文； 当 VLAN ID 不在接口允许通过的 VLAN ID 列表里时，丢弃该报文	当 VLAN ID 与默认 VLAN ID 相同，且是该接口允许通过的 VLAN ID 时，去掉 Tag，发送该报文； 当 VLAN ID 与默认 VLAN ID 不同，且是该接口允许通过的 VLAN ID 时，保持原有 Tag，发送该报文
Hybrid 接口	打上缺省的 VLAN ID，当默认 VLAN ID 在允许通过的 VLAN ID 列表里时，接收该报文； 打上默认的 VLAN ID，当默认 VLAN ID 不在允许通过的 VLAN ID 列表里时，丢弃该报文	当 VLAN ID 在接口允许通过的 VLAN ID 列表里时，接收该报文； 当 VLAN ID 不在接口允许通过的 VLAN ID 列表里时，丢弃该报文	当 VLAN ID 是该接口允许通过的 VLAN ID 时，发送该报文； 可以通过命令设置发送时是否携带 Tag

默认所有设备的接口都加入 VLAN 1，因此当网络中存在 VLAN 1 的未知单播、组播或者广播报文时，可能会引起广播风暴。对于不需要加入 VLAN 1 的接口，及时退出 VLAN 1，避免环路。

7. VLAN 配置

（1）创建 VLAN 方法一。

①进入 VLAN 数据库。

```
switch#vlan database
```

②创建 VLAN 10。

```
switch（vlan）#vlan 10
```

（2）创建 VLAN 方法二。

①全局模式下直接创建 VLAN 10。

```
switch（config）#vlan 10
```

②将端口加入 VLAN 中。

```
switch（config-if）#switchport access vlan 10
```

③将一组连续的端口加入 VLAN 中。

```
switch(config)#interface range fastEthernet0/1-5
```

④将不连续的多个端口加入 VLAN 中。

```
switch(config)#interfacerange fa0/6-8, 0/9-11, 0/22
switch(config-if-range)#switchportaccess vlan 10
```

⑤查看所有 VLAN 的摘要信息。

```
switch#show vlan brief
```

六、课后练习

1. 以太网是（　　）标准的具体实现。

A. 802.3　　B. 802.4　　C. 802.5　　D. 802.z

2. 在以太网中（　　）可以将网络分成多个冲突域，但不能将网络分成多个广播域。

A. 中继器　　B. 二层交换机　　C. 路由器　　D. 集线器

3.（　　）设备可以看作一种多端口的网桥设备。

A. 中继器　　B. 交换机　　C. 路由器　　D. 集线器

4. 在以太网中，是根据（　　）来区分不同设备的。

A. IP 地址　　B. IPX 地址　　C. LLC 地址　　D. MAC 地址

工单任务2　跨越交换机实现相同VLAN间的通信

一、工作准备

想一想

什么是 Trunk？它的作用是什么？

写一写

写出将交换机 SW 的 10 号端口设置为 Trunk 的命令。

```
SW(config)#________________          #进入 10 号端口
SW(config-if)#________________
```

二、任务描述

任务场景

在 SW1 和 SW2 交换机上分别创建 VLAN 10 和 VLAN 20，配置 Trunk 实现同一 VLAN 里的计算机能跨交换机进行相互通信，如图 2–9 所示。

施工拓扑

施工拓扑图如图 2–9 所示。

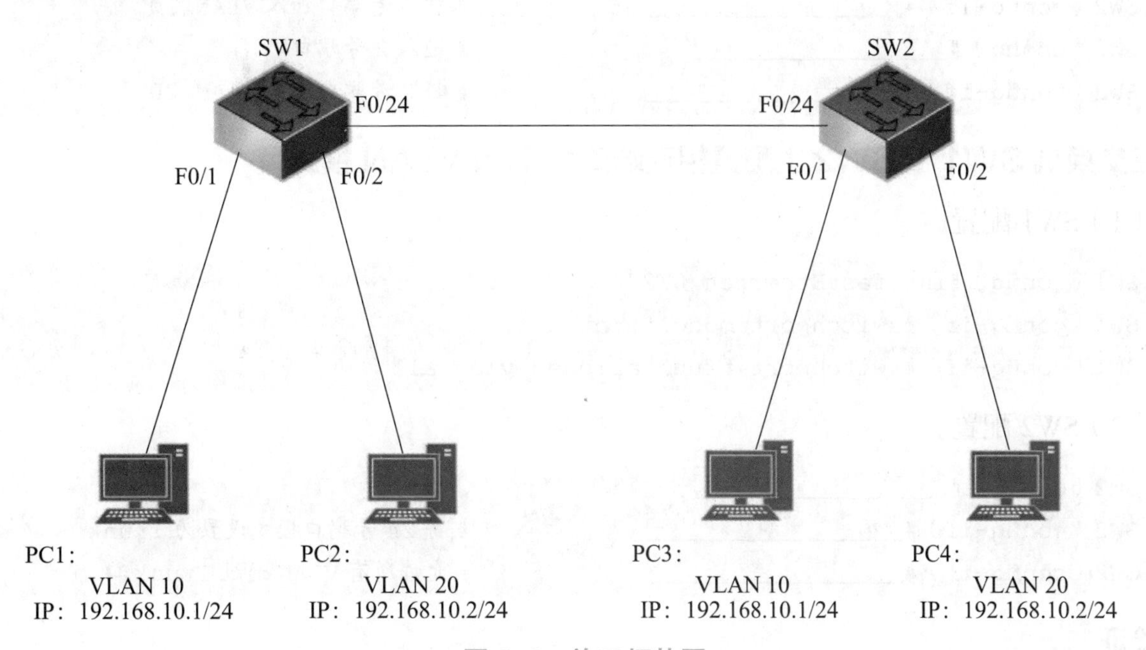

图 2–9　施工拓扑图

设备环境

本实验采用 Packet Tracer 进行实验，使用二层交换机，型号为 2950T–24，数量为 2 台，计算机 4 台。

三、任务实施

1. 在交换机上创建相应 VLAN

（1）在交换机 SW1 上创建 VLAN。

```
SW1（config）#vlan 10
SW1（config）#vlan 20
```

（2）在交换机 SW2 上创建 VLAN。

```
SW2（config）#____________________                 # 创建 VLAN 10
SW2（config）#____________________                 # 创建 VLAN 20
```

2. 将交换机端口加入相应 VLAN

（1）将 SW1 的端口加入对应 VLAN。

```
SW1（config）#int fastEthernet 0/1
SW1（config-if）#switchport access vlan 10
SW1（config）#int fastEthernet 0/2
SW1（config-if）#switchport access vlan 20
```

（2）将 SW2 的端口加入对应 VLAN。

```
SW2（config）#________________          # 进入 1 号端口
SW2（config-if）#________________       # 将 1 号端口加入 VLAN 10
SW2（config）#________________          # 进入 2 号端口
SW2（config-if）#________________       # 将 2 号端口加入 VLAN 20
```

3. 在交换机 SW1 和 SW2 上配置相连端口为 Tag VLAN 模式

（1）SW1 配置。

```
SW1（config）#int fastEthernet 0/24
SW1（config-if）#switchport mode trunk
SW1（config-if）#switchport trunk allowed vlan all
```

（2）SW2 配置。

```
SW2（config）#________________
SW2（config-if）#________________       # 将 24 号端口模式设置为 Trunk
SW2（config-if）#________________       # 允许所有 VLAN 通过 Trunk 口
```

4. 验证

```
PC1>ping 192.168.10.3
Pinging 192.168.10.3 with 32 bytes of data:
Reply from 192.168.10.3: bytes=32 time=1ms TTL=128
Reply from 192.168.10.3: bytes=32 time=0ms TTL=128
Reply from 192.168.10.3: bytes=32 time=0ms TTL=128
Reply from 192.168.10.3: bytes=32 time=0ms TTL=128
Ping statistics for 192.168.10.3:
   Packets: Sent=4, Received=4, Lost=0（0% loss）,
Approximate round trip times in milli-seconds:
   Minimum=0ms, Maximum=1ms, Average=0ms

PC1>ping 192.168.10.4
Pinging 192.168.10.4 with 32 bytes of data:
Request timed out.
Request timed out.
Request timed out.
Request timed out.
```

```
Ping statistics for 192.168.10.4:
    Packets: Sent=4, Received=0, Lost=4 (100% loss),
```

使用 PC1 分别与 PC3、PC4 做连通性测试，结果发现同属于相同 VLAN 的 PC 可以相互通信（PC1 与 PC3 同属于 VLAN10），不同 VLAN 的 PC（PC1 和 PC4）不能相互通信。

四、任务评价

评价项目	评价内容	参考分	评价标准	得分
拓扑图绘制	选择正确的连接线 选择正确的端口	10	选择正确的连接线，5 分 选择正确的端口，5 分	
IP 地址设置	正确配置各主机地址	10	正确配置 4 台主机地址，10 分	
交换机命令配置	正确配置交换机设备名称 正确地在交换机上创建 VLAN 正确地将主机端口加入 VLAN 中 正确设置端口模式	40	配置交换机设备名称，10 分 正确地在交换机上创建 VLAN，10 分 正确地将主机端口加入 VLAN 中，10 分 正确设置两台交换机对应公共端口的模式为 Trunk，10 分	
验证测试	会查看配置信息 能读懂配置信息 会进行连通性测试	20	使用命令查看配置信息，5 分 分析配置信息含义，5 分 进行连通性测试，10 分	
职业素养	任务单填写齐全、整洁、无误	20	任务单填写齐全、工整，10 分 任务单填写无误，10 分	

五、相关知识

1. VLAN 内跨越交换机通信的原理

有时属于同一个 VLAN 的用户主机被连接在不同的交换机上，当 VLAN 跨越交换机时，就需要交换机间的接口能够同时识别和发送跨越交换机的 VLAN 报文，这时需要用到 Trunk Link 技术。

Trunk Link 有如下两个作用。

（1）中继作用。把 VLAN 报文传到互连的交换机。

（2）干线作用。一条 Trunk Link 上可以传输多个 VLAN 报文。

2. Trunk 命令

（1）进入 F0/1 接口。

```
Switch（config）#interface fastEthernet0/1
```

（2）将端口模式设置为 Trunk。

```
Switch（config-if）#switchport  mode trunk
```

（3）允许所有 VLAN 通过 Trunk 口。

```
Switch（config-if）#switchport trunk allowed vlan all
```

六、课后练习

1. VLAN 的 Tag 信息包含在（　　）。

A. 以太网帧头中　　B. IP 报文头中

C. TCP 报文头中　　D. UDP 报文头中

2. VLAN 标定了（　　）的范围。

A. 冲突域　　B. 广播域

C. TRUST 域　　D. DMZ 域

3. 下列关于 VLAN 标签头的描述，正确的是（　　）。

A. 对于连接到交换机上的用户计算机来说，是不需要知道 VLAN 信息的

B. 当交换机确定了报文发送的端口后，无论报文是否含有标签头，都会把报文发送给用户，由收到此报文的计算机负责把标签头从以太网帧中删除，再做处理

C. 连接到交换机上的用户计算机需要了解网络中的 VLAN

D. 连接到交换机上的用户计算机发出的报文都是打标签头的报文

4. 下列叙述中，正确的选项为（　　）。

A. 基于 MAC 地址划分 VLAN 的缺点是初始化时，所有的用户都不必进行配置

B. 基于 MAC 地址划分 VLAN 的优点是当用户物理位置移动时，VLAN 不用重新配置

C. 基于 MAC 地址划分 VLAN 的缺点是如果 VLAN A 的用户离开了原来的端口，到了一个新的交换机的某个端口，那么就必须重新定义

D. 基于子网划分 VLAN 的方法可以提高报文转发的速度

工单任务3　使用单臂路由实现不同VLAN间的通信

一、工作准备

想一想

路由器的端口地址和主机中的网关地址有什么关系？如何在路由器中为多个 VLAN 分别创建一个接口地址？

写一写

写出在路由器 R1 上创建子接口 F0/0.3，并将接口地址配置为 192.168.10.3/24 的命令。

```
R1（config）#________________
R1（config-subif）#________________
R1（config-subif）#________________
```

二、任务描述

任务场景

在二层交换机 SW1 上创建 VLAN 10 和 VLAN 20，在 RT1 上对物理口 F0/0 划分子接口并封装 802.1Q 协议，使每一个子接口分别充当 VLAN 10 和 VLAN 20 网段中主机的网关，实现 VLAN 10 和 VLAN 20 的相互通信，如图 2-10 所示。

施工拓扑

施工拓扑图如图 2-10 所示。

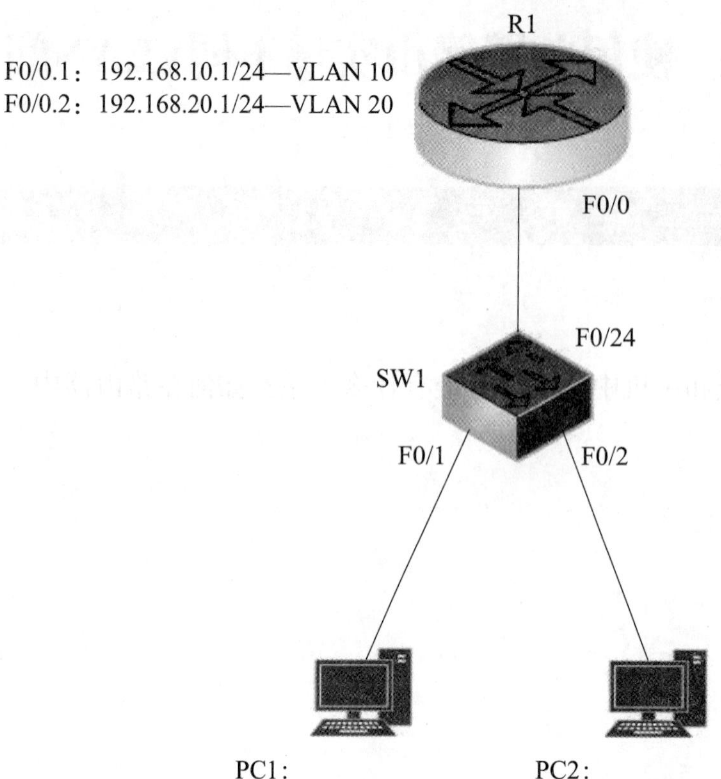

图 2-10　施工拓扑图

设备环境

本实验采用 Packet Tracer 进行实验，使用的二层交换机型号为 2950T-24，数量为 1 台，路由器型号为 Router-PT，数量为 1 台，计算机 2 台。

三、任务实施

1. 在 SW1 交换机上创建 VLAN、Trunk，并将接口放入相应的 VLAN 中

（1）在交换机 SW1 上创建 VLAN。

```
SW1(config)#vlan 10
SW1(config)#vlan 20
```

（2）将交换机端口加入相应 VLAN。

```
SW1(config)#int fastEthernet 0/1
SW1(config-if)#switchport access vlan 10
SW1(config)#int fastEthernet 0/2
SW1(config-if)#switchport access vlan 20
```

（3）在交换机 SW1 上配置相连端口为 Tag VLAN 模式。

```
SW1（config）#int fastEthernet 0/24
SW1（config-if）#switchport mode trunk
SW1（config-if）#switchport trunk allowed vlan all
```

2. 在 R1 路由器上配置单臂路由

```
R1（config）#interface fastEthernet 0/0
R1（config-if）#_________________                #开启端口
R1（config-if）#exit
R1（config）#interface fastEthernet0/0.1
R1（config-subif）#encapsulation dot1Q_________________
R1（config-subif）#ip address 192.168.10.1 255.255.255.0
R1（config-subif）#exit
R1（config）#interface fastEthernet 0/0.2
R1（config-subif）#encapsulation dot1Q_________________
R1（config-subif）#ip address 192.168.20.1 255.255.255.0
```

3. 验证

```
PC1>ping 192.168.20.2
Pinging 192.168.20.2 with 32 bytes of data:
Reply from 192.168.20.2：bytes=32 time=1ms TTL=127
Reply from 192.168.20.2：bytes=32 time=0ms TTL=127
Reply from 192.168.20.2：bytes=32 time=0ms TTL=127
Reply from 192.168.20.2：bytes=32 time=0ms TTL=127
Ping statistics for 192.168.20.2:
    Packets：Sent=4, Received=4, Lost=0（0% loss），
Approximate round trip times in milli-seconds:
    Minimum=0ms, Maximum=1ms, Average=0ms
```

在 PC1 上使用 ping 命令测试与 VLAN 20 的 PC2 的连通性，测试结果为可以正常通信，实验成功。

四、任务评价

评价项目	评价内容	参考分	评价标准	得分
拓扑图绘制	选择正确的连接线 选择正确的端口	10	选择正确的连接线，5 分 选择正确的端口，5 分	
IP 地址设置	正确配置各主机地址 正确配置交换机和路由器设备名称	15	正确配置两台主机 IP 和网关，10 分 正确配置交换机和路由器设备名称，5 分	

续表

评价项目	评价内容	参考分	评价标准	得分
交换机命令配置	正确地在交换机上创建 VLAN 并将端口加入 正确设置端口模式	20	正确地在交换机上创建 VLAN 并将端口加入，10 分 正确设置交换机公共端口的模式为 Trunk，10 分	
路由器命令配置	正确地在路由器上创建子接口	20	开启路由器端口，5 分 正确创建路由器子接口并配置 IP 地址，15 分	
验证测试	会查看配置信息 能读懂配置信息 会进行连通性测试	15	使用命令查看配置信息，5 分 分析配置信息含义，5 分 进行连通性测试，5 分	
职业素养	任务单填写齐全、整洁、无误	20	任务单填写齐全、工整，10 分 任务单填写无误，10 分	

五、相关知识

1. 单臂路由原理

在交换网络中，通过 VLAN 对一个物理网络进行了逻辑划分，不同的 VLAN 之间是无法直接访问的，必须通过三层的路由设备进行连接。一般利用路由器或三层交换机来实现不同 VLAN 之间的互相访问。将路由器和交换机相连，使用 IEEE 802.1q 来启动路由器上子接口为干道模式，就可以利用路由器来实现交换机上不同 VLAN 之间的通信。

2. dot1Q

dot1Q 是 VLAN 中继协议。

常用的两种封装标准如下。

802.1q：数据封装时，在帧头嵌入 VLAN 标识，如图 2-11 所示。

图 2-11 802.1q 封装

ISL 协议：在帧头前面装入 VLAN 标识，重新封装数据，如图 2-12 所示。

VLAN标识	帧头	数据

图 2-12 ISL 封装

3. 工作过程

如图 2-13 所示，路由器可以从某一个 VLAN 接收数据包，并将这个数据包转发到另外

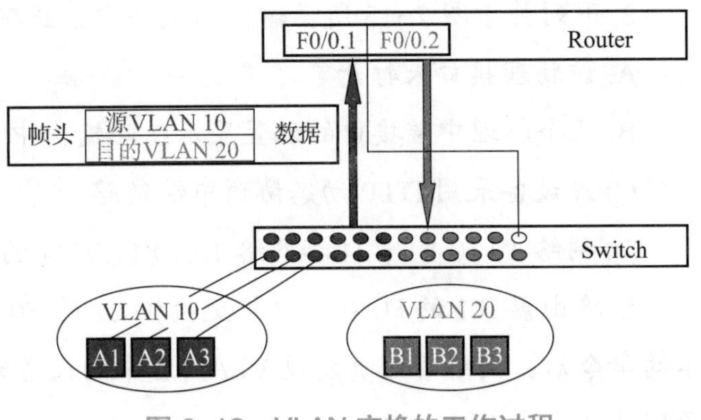

图 2-13　VLAN 交换的工作过程

一个 VLAN。要实施 VLAN 间的路由，必须在一个路由器的物理接口上启用子接口，也就是将以太网物理接口划分为多个逻辑的、可编址的接口，并配置干道模式。每个 VLAN 对应一个这种接口，这样路由器就能够知道如何到达这些互连的 VLAN。图 2-13 中将子接口 F0/0.1 封装为 VLAN 10，子接口 F0/0.2 封装为 VLAN 20，实现 VLAN 间互通。

4. 单臂路由配置

（1）为路由器创建子接口 F0/0.1。

```
R1（config）#interface fastEthernet0/0.1
```

（2）使用 dot1Q 封装子接口为 VLAN 10。

```
R1（config-subif）#encapsulation dot1Q 10
```

（3）为子接口配置 IP 地址。

```
R1（config-subif）#ip address［ip-address］［netmask］
```

六、课后练习

1. 如图 2-14 所示，路由器被配置为连接到上行中继。从 F0/1 物理接口上收到了来自 VLAN 10 的一个数据包，目的地址为 192.168.1.120。路由器处理此数据包的方式是（　　）。

A. 路由器会将该数据包从接口 F0/1.1（VLAN 10 的接口）转发出去

B. 路由器会将该数据包从接口 F0/1.2（VLAN 60 的接口）转发出去

C. 路由器会将该数据包从接口 F0/1.3（VLAN 60 的接口）转发出去

D. 路由器会将该数据包从接口 F0/1.3（VLAN 120 的接口）转发出去

```
RA(config)#interface fastethernet 0/1
RA(config-if)#no shutdown
RA(config-if)#interface fastethernet 0/1.1
RA(config-subif)#encapsulation dot1q 10
RA(config-subif)#ip address 192.168.1.49 255.255.255.240
RA(config-if)#interface fastethernet 0/1.2
RA(config-subif)#encapsulation dot1q 60
RA(config-subif)#ip address 192.168.1.65 255.255.255.192
RA(config-if)#interface fastethernet 0/1.3
RA(config-subif)#encapsulation dot1q 120
RA(config-subif)#ip address 192.168.1.193 255.255.255.224
RA(config-subif)#end
```

图 2-14　课后练习题 1 图

2. 下列关于图 2–15 所示输出的说法中，正确的是（　　）。

A. 该物理接口未打开

B. 两个物理中继接口的配置显示在此输出中

C. 此设备采用 DTP 动态协商中继链路

D. 网络 10.10.10.0/24 和网络 10.10.11.0/24 的流量通过同一个物理接口传输

3. 路由器 R1 的 F0/0 端口与交换机 S1 的 F0/1 端口相连。在两台设备上输入图 2–16 所示的命令后，网络管理员发现 VLAN 2 中的设备无法 ping VLAN 1 中的设备。此问题可能的原因是（　　）。

A. R1 被配置为单臂路由器，但 S1 上未配置中继

B. R1 的 VLAN 数据库中未输入 VLAN

C. 生成树协议阻塞了 R1 的 F0/0 端口

D. 尚未使用 no shutdown 命令打开 R1 的子接口

```
R1# show vlan
Virtual LAN ID: 1 (IEEE 802.1Q Encapsulation)
  VLAN Trunk Interface: FastEthernet0/0.1
This is configured as native Vlan for the following interface(s): FastEthernet0/0
  Protocols Configured:    Address:      Received:   Transmitted:
          IP               10.10.10.1        0            2

Virtual LAN ID: 2 (IEEE 802.1Q Encapsulation)
  VLAN Trunk Interface: FastEthernet0/0.2
Protocols Configured:      Address:      Received:   Transmitted:
          IP               10.10.11.1        9            9
```

图 2–15　课后练习题 2 图

```
R1(config)# interface fa0/0.1
R1(config-subif)# encapsulation dot1Q 1
R1(config-subif)# ip address 10.1.1.1 255.255.255.0
R1(config-subif)# exit
R1(config)# interface fa0/0.2
R1(config-subif)# encapsulation dot1Q 2
R1(config-subif)# ip address 10.1.2.1 255.255.255.0
R1(config-subif)# end

S1(config)# interface fa0/1
S1(config-if)# switchport access vlan 1
S1(config-if)# switchport access vlan 2
S1(config-if)# no shutdown
```

图 2–16　课后练习题 3 图

工单任务4　使用SVI接口实现不同VLAN间的通信

一、工作准备

想一想

什么是 SVI 接口？在三层交换机上如何实现 SVI 接口？

写一写

写出在三层交换机 SW 上创建 SVI 接口的命令（VLAN 20：193.168.50.254/24）。

SW（config）#____________________

SW（config-if）#____________________

二、任务描述

任务场景

在 SW1 和 SW2 交换机上创建 VLAN 10 和 VLAN 20，配置 Trunk 实现同一 VLAN 里的计算机能跨越交换机进行相互通信，并且在 SW2 三层交换机上配置 SVI 虚拟接口，利用三层交换机实现不同 VLAN 间的路由，如图 2-17 所示。

施工拓扑

施工拓扑图如图 2-17 所示。

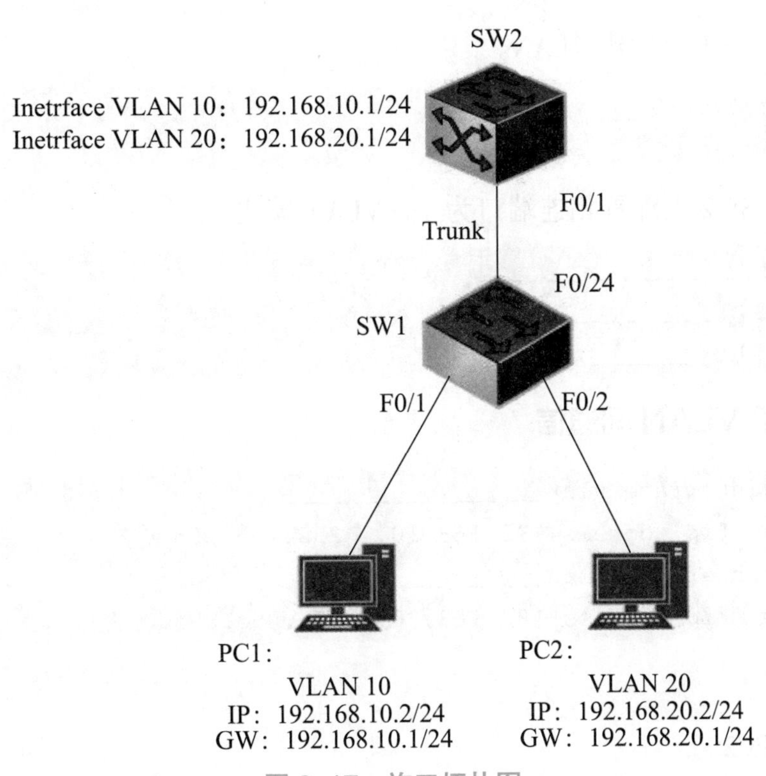

图 2-17　施工拓扑图

设备环境

本实验采用 Packet Tracer 进行实验，使用二层交换机型号为 2950T-24，数量为 1 台，三层交换机型号为 S3560，数量为 1 台，计算机 2 台。

三、任务实施

1. 在 SW1 交换机上创建 VLAN、Trunk，并将接口放入相应的 VLAN 中

（1）在交换机 SW1 上创建 VLAN。

```
SW1(config)#vlan 10
SW1(config)#vlan 20
```

（2）将交换机端口加入相应 VLAN。

```
SW1（config）#int fastEthernet 0/1
SW1（config-if）#switchport access vlan 10
SW1（config）#int fastEthernet 0/2
SW1（config-if）#switchport access vlan 20
```

（3）在交换机 SW1 上配置相连端口为 Tag VLAN 模式

```
SW1（config）#________________
SW1（config-if）#________________
SW1（config-if）#switchport trunk allowed vlan all
```

2. 在 SW2 交换机上创建 VLAN、Trunk

（1）在交换机 SW1 上创建 VLAN。

```
SW2（config）#vlan 10
SW2（config）#vlan 20
```

（2）在交换机 SW2 上配置相连端口为 Tag VLAN 模式。

```
SW2（config）#________________
SW2（config-if）#________________
SW2（config-if）#________________
```

3. 配置三层交换机 VLAN 间通信

```
SW2（config）#interface vlan________________
SW2（config-if）#ip address 192.168.10.1 255.255.255.0
SW2（config）#interface vlan________________
SW2（config-if）#ip address 192.168.20.1 255.255.255.0
```

4. 验证

（1）PC1 ping PC2。

```
PC1>________________
Pinging 192.168.20.2 with 32 bytes of data:
Reply from 192.168.20.2：bytes=32 time=1ms TTL=127
Reply from 192.168.20.2：bytes=32 time=0ms TTL=127
Reply from 192.168.20.2：bytes=32 time=0ms TTL=127
Reply from 192.168.20.2：bytes=32 time=0ms TTL=127
Ping statistics for 192.168.20.2:
   Packets：Sent=4，Received=4，Lost=0（0% loss），
Approximate round trip times in milli-seconds:
   Minimum=0ms，Maximum=1ms，Average=0ms
```

（2）PC2 ping PC1。

```
PC2>ping 192.168.10.2
Pinging 192.168.10.2 with 32 bytes of data:
```

```
Reply from 192.168.10.2：bytes=32 time=1ms TTL=127
Reply from 192.168.10.2：bytes=32 time=0ms TTL=127
Reply from 192.168.10.2：bytes=32 time=0ms TTL=127
Reply from 192.168.10.2：bytes=32 time=0ms TTL=127
Ping statistics for 192.168.10.2:
    Packets：Sent=4, Received=4, Lost=0（0% loss），
Approximate round trip times in milli-seconds:
    Minimum=0ms, Maximum=1ms, Average=0ms
```

使用处于不同网段的两台计算机，通过以上信息发现可以正常通信，实验成功。

四、任务评价

评价项目	评价内容	参考分	评价标准	得分
拓扑图绘制	选择正确的连接线 选择正确的端口	10	选择正确的连接线，5 分 选择正确的端口，5 分	
IP 地址设置	正确配置各主机地址 正确配置交换机设备名称	15	正确配置两台主机 IP 和网关，10 分 正确配置交换机和路由器设备名称，5 分	
二层交换机命令配置	正确地在交换机上创建 VLAN 并将端口加入 正确设置端口模式	20	正确地在交换机上创建 VLAN 并将端口加入，10 分 正确设置交换机公共端口的模式为 Trunk，10 分	
三层交换机命令配置	正确地在三层交换机上创建 SVI	20	正确地在三层交换机上创建 SVI，10 分 正确设置 SVI 接口地址，10 分	
验证测试	会查看配置信息 能读懂配置信息 会进行连通性测试	15	使用命令查看配置信息，5 分 分析配置信息含义，5 分 进行连通性测试，5 分	
职业素养	任务单填写齐全、整洁、无误	20	任务单填写齐全、工整，10 分 任务单填写无误，10 分	

五、相关知识

1. 三层交换机 VLAN 互访原理

利用三层交换机的路由功能，通过识别数据包的 IP 地址，查找路由表进行选路转发。三层交换机利用直连路由可以实现不同 VLAN 之间的互相访问。三层交换机给接口配置 IP 地址，采用 SVI（交换虚拟接口）的方式实现 VLAN 间互连。SVI 是指为交换机中的 VLAN 创建虚拟接口，并且配置 IP 地址。

2. SVI 配置

（1）为 VLAN 创建 SVI 接口。

```
SW（config）#interface vlan［VLAN-ID］
```

（2）为 SVI 接口配置 IP 地址。

```
SW（config-if）#ip address［ip-address］［netmask］
```

六、课后练习

1. 下列关于使用子接口进行 VLAN 间路由的说法中，正确的有（　　）。

A. 需要使用的交换机端口较多　　B. 物理配置较简单

C. 子接口不会争用带宽　　D. 在路由失败时，第 3 层故障排除较简单

2. 当将路由器接口配置为 VLAN 中继端口时，必须遵循的要素是（　　）。

A. 每个 VLAN 对应一个物理接口　　B. 每个子接口对应一个物理接口

C. 每个子接口对应一个 IP 网络或子网　　D. 每个 VLAN 对应一条中继链路

3. 当网络中使用 VLAN 间路由时，下列关于 ARP 的说法中，正确的是（　　）。

A. 当采用单臂路由器 VLAN 间路由时，每个子接口在响应 ARP 请求时都会发送独立的 MAC 地址

B. 当采用 VLAN 时，交换机收到 PC 发来的 ARP 请求后，会使用通向该 PC 的端口的 MAC 地址来响应该 ARP 请求

C. 当采用单臂路由器 VLAN 间路由时，路由器会使用物理接口的 MAC 地址响应 ARP 请求

项目小结

本项目主要介绍虚拟局域网技术（VLAN），VLAN 主要有两个作用：一是有效地控制广播域的范围，二是 VLAN 可以将设备分组，增强局域网的安全性（业务隔离）。交换机用 VLAN 标签来区分不同的以太网帧。

当报文进出交换机端口时，端口可以对报文采取不同的处理方式，这些不同的处理方式对应交换机端口的不同模式。Access 模式用于连接普通终端，Trunk 模式能够转发多个不同 VLAN 通信的端口，一般用于交换机互连。

当前实际环境中，一般都用三层交换机通过 SVI 接口来做 VLAN 间路由，很少用路由器来做 VLAN 间路由。

项目实践

使用模拟器或者真实设备配置图 2–18 所示拓扑图。

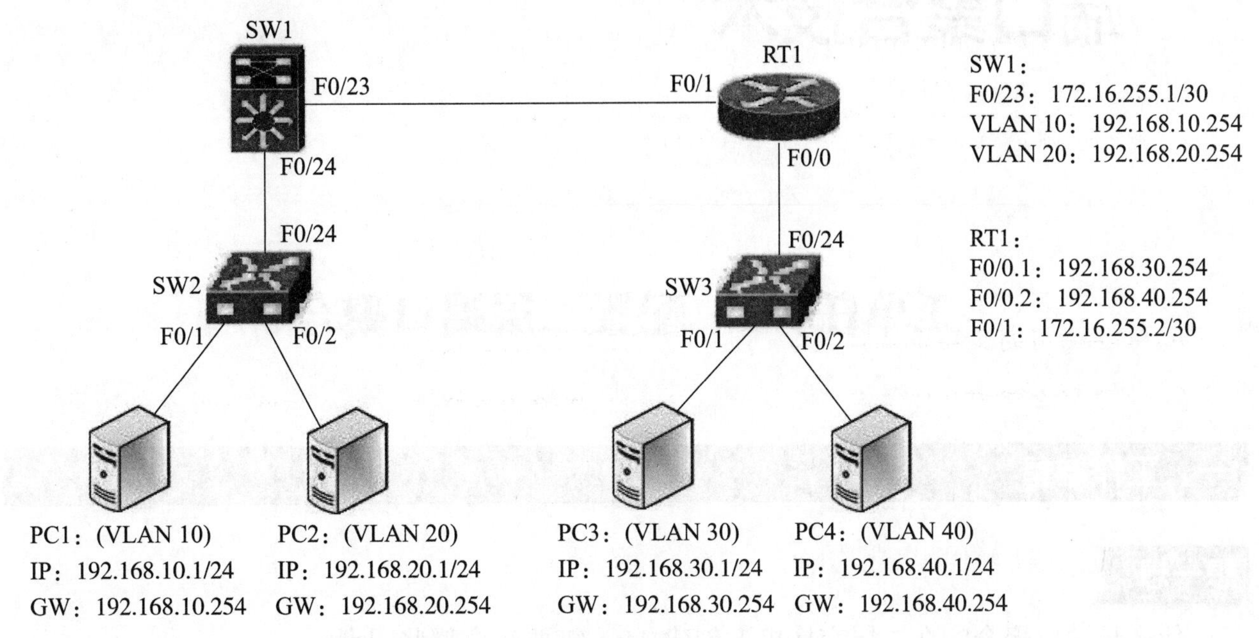

图 2–18　拓扑图

配置要求：

（1）配置交换机路由器各接口地址、VLAN。

（2）分别配置 SVI 和路由器子接口，实现 VLAN 间路由。

（3）配置静态路由或者动态路由，实现全网通。

（4）使用 PC 相互 ping，测试连通性。

项目二
端口聚合技术

工单任务1　配置二层端口聚合

一、工作准备

想一想

什么是端口聚合？在二层交换机上创建 AP，需要注意哪些因素？

写一写

写出将端口（3 和 4）加入端口聚合组 1 并开启功能的命令。

```
SW1（config）#____________________
SW1（config-if-range）#____________________        #设置端口模式为Trunk
SW1（config-if-range）#____________________
```

二、任务描述

任务场景

将 PC1 放入 SW1 的 VLAN 10、PC2 放入 SW2 的 VLAN 10。在 SW1 和 SW2 的互连口 F0/23 和 F0/24 开启二层端口聚合，用于提高链路冗余和增加带宽，如图 2–19 所示。

施工拓扑

施工拓扑图如图 2-19 所示。

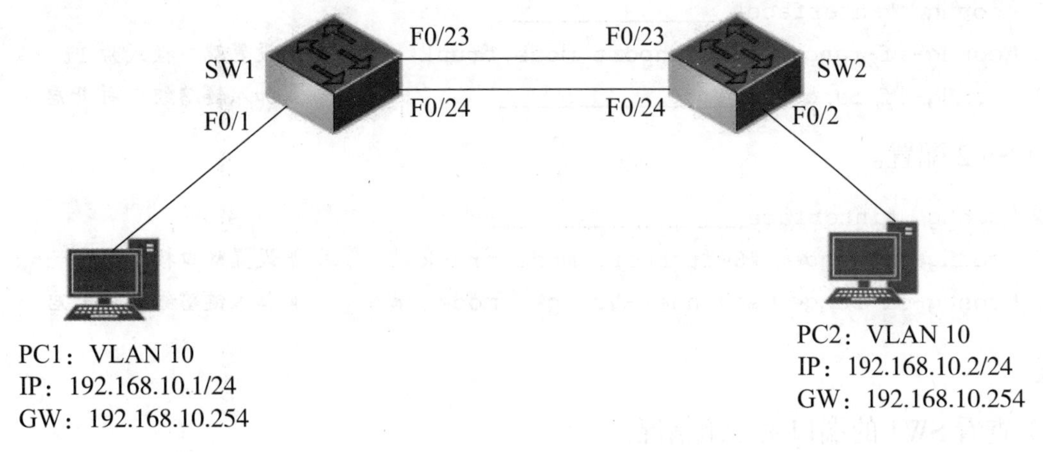

图 2-19　施工拓扑图

设备环境

本实验采用 Packet Tracer 进行实验，使用的二层交换机型号为 2950T-24，数量为 2 台，计算机 2 台。

三、任务实施

1. 在交换机上创建相应 VLAN

（1）在交换机 SW1 上创建 VLAN。

```
SW1（config）#vlan 10
```

（2）在交换机 SW2 上创建 VLAN。

```
SW2（config）#vlan 10
```

2. 将交换机端口加入相应 VLAN

（1）将 SW1 的端口加入对应 VLAN。

```
SW1（config）#interface fastEthernet 0/1
SW1（config-if）#switchport access vlan 10
```

（2）将 SW2 的端口加入对应 VLAN。

```
SW2（config）#interface fastEthernet 0/1
SW2（config-if）#switchport access vlan 10
```

3. SW1 与 SW2 的端口聚合配置

（1）SW1 配置。

```
SW1(config)#interface________________
SW1(config-if-range)#Switchport mode trunk          # 设置端口模式为 Trunk
SW1(config-if-range)#________________               # 加入链路组 1 并开启
```

（2）SW2 配置。

```
SW2(config)#interface________________
SW2(config-if-range)#Switchport mode trunk          # 设置端口模式为 Trunk
SW2(config-if-range)#channel-group 1 mode on       # 加入链路组 1 并开启
```

4. 验证

（1）查看 SW1 的端口聚合组情况。

```
SW1#show etherchannel summary
Flags:  D-down          P-in port-channel
      I-stand-alone s-suspended
      H-Hot-standby(LACP only)
      R-Layer3      S-Layer2
      U-in use      f-failed to allocate aggregator
      u-unsuitable for bundling
      w-waiting to be aggregated
      d-default port
Number of channel-groups in use:1
Number of aggregators:                          1
Group  Port-channel  Protocol    Ports
------+-------------+-----------+-----------------------------------------------
1      Po1(SU)          -       Fa0/23(P)Fa0/24(P)
```

"SU"标记表示在 SW1 上建立了三层聚合 1 组，端口为 F0/23 和 F0/24。

（2）PC1 ping PC2。

```
PC1>ping 192.168.10.2
Pinging 192.168.10.2 with 32 bytes of data:
Reply from 192.168.10.2:bytes=32 time=1ms TTL=128
Reply from 192.168.10.2:bytes=32 time=0ms TTL=128
Reply from 192.168.10.2:bytes=32 time=0ms TTL=128
Reply from 192.168.10.2:bytes=32 time=0ms TTL=128
Ping statistics for 192.168.10.2:
   Packets:Sent=4, Received=4, Lost=0(0% loss),
Approximate round trip times in milli-seconds:
   Minimum=0ms, Maximum=1ms, Average=0ms
```

PC1 可以和 PC2 正常通信，实验成功。

四、任务评价

评价项目	评价内容	参考分	评价标准	得分
拓扑图绘制	选择正确的连接线 选择正确的端口	10	选择正确的连接线，5 分 选择正确的端口，5 分	
IP 地址设置	正确配置各主机地址 正确配置交换机和路由器设备名称	15	正确配置两台主机 IP 和网关，10 分 正确配置交换机设备名称，5 分	
交换机命令配置	正确地在交换机上创建 VLAN 并将端口加入 正确设置端口模式 正确创建聚合端口	40	正确地在交换机上创建 VLAN 并将端口加入，10 分 正确设置交换机公共端口的模式为 Trunk，10 分 正确地将两个公共端口加入聚合端口 1 中并开启，20 分	
验证测试	会查看配置信息 能读懂配置信息 会进行连通性测试	15	使用命令查看配置信息，5 分 分析配置信息含义，5 分 进行连通性测试，5 分	
职业素养	任务单填写齐全、整洁、无误	20	任务单填写齐全、工整，5 分 任务单填写无误，5 分	

五、相关知识

1. 端口聚合的概念

端口聚合又称链路聚合，是指两台交换机之间在物理上将多个端口连接起来，将多条链路聚合成一条逻辑链路，从而增大链路带宽，解决交换网络中因带宽引起的网络瓶颈问题。多条物理链路之间能够相互冗余备份，其中任意一条链路断开，不会影响其他链路正常转发数据。

2. 二层链路聚合的基本概念

把多个二层物理链接捆绑在一起形成一个简单的逻辑链接，这个逻辑链接称为链路聚合。这些二层物理端口捆绑在一起称为一个聚合口（Aggregate Port，AP）。

AP 是链路带宽扩展的一个重要途径，符合 IEEE 802.3ad 标准。它可以把多个端口的带宽叠加起来使用，形成一个带宽更大的逻辑端口，同时，当 AP 中的一条成员链路断开时，系统会将该链路的流量分配到 AP 中的其他有效链路上去，实现负载均衡和链路冗余。

Aggregate port（AG）可以根据报文的源 MAC 地址、目的 MAC 地址或 IP 地址进行流量平衡，即把流量平均地分配到 AG 组成员链路中去。

当接入层和汇聚之间创建了一条由三个百兆组成的 AP 链路时，在用户侧接入层交换机上，来自不同的用户主机数据的源 MAC 地址不同，因此二层 AP 基于源 MAC 地址进行多链路负载均衡方式。而在汇聚层交换机上发往用户数据帧的源 MAC 地址只有一个，就是本身的 SVI 接口 MAC。因此二层 AP 基于目的 MAC 地址进行多链路负载均衡方式。

链路聚合的注意点：

①聚合端口的速度必须一致。

②聚合端口必须属于同一个 VLAN。

③聚合端口使用的传输介质相同。

④聚合端口必须属于同一层次，并与 AP 也在同一层次。

⑤所选择的端口必须工作在全双工模式，工作速率必须一致。

⑥所有成员端口及链路聚合组的模式必须保持一致，可以是 Access、Trunk 或 Hybrid。

3. 链路端口聚合的分类和方式

（1）静态聚合。双方系统间不使用聚合协议来协商链路信息。

（2）动态聚合。

①双方系统间使用聚合协议来协商链路信息。

② LACP（Link Aggregation Control Protocol，链路聚合控制协议）是一种基于 IEEE 802.3ad 标准的、能够实现链路动态聚合的协议。

（3）链路聚合方式。

① LACP 通过协议将多个物理端口动态聚合到 Trunk 组，形成一个逻辑端口。

② LACP 自动产生聚合、自动发现故障链路，在获得最大带宽的同时保证链路有效性。

4. 聚合配置

①同时选中需要配置的端口。

```
Switch(config)#interface range fastEthernet 0/1-2
```

②将端口加入端口聚合组 1 并开启功能。

```
Switch(config-if-range)#channel-group1 mode on
```

③按照目标主机 IP 地址数据分发来实现负载平衡。

```
Switch(config)#port-channelload-balance dst-ip
```

六、课后练习

1. 端口聚合带来的优势是（　　）。（多选题）

A. 提高链路带宽　　B. 实现流量负荷分担

C. 提高网络的可靠性　　D. 便于复制数据进行分析

2.（　　）是将多个端口聚合在一起形成一个汇聚组，以实现出/入负荷在各成员端口中的分担，同时也提供了更高的连接可靠性。

A. 端口聚合　　B. 端口绑定　　C. 端口负载均衡　　D. 端口组

3. 端口聚合将多个连接的端口捆绑成一个逻辑链接，捆绑后的带宽是（　　）。

A. 任意两个成员端口的带宽之和　　B. 所有成员端口的带宽总和

C. 所有成员端口带宽总和的一半　　D. 带宽最高的成员端口的带宽

工单任务2　配置三层端口聚合

一、工作准备

想一想

建立三层 AP 时需要注意哪些方面？

写一写

写出在三层交换机 SW 上创建聚合端口的命令，三层端口地址为 192.168.50.1/24。

```
SW（config）#____________________        # 创建端口聚合组 1
SW（config-if）#____________________     # 将二层端口切换为三层端口
SW（config-if）#____________________
SW（config-if）#____________________     # 开启三层端口
```

二、任务描述

任务场景

配置 PC1 加入三层交换机 SW1 的 VLAN 10，配置 PC2 加入三层交换机的 VLAN 20，在两个三层交换机之间开启三层端口聚合，提高冗余和链路带宽，如图 2-20 所示。

施工拓扑

施工拓扑图如图 2–20 所示。

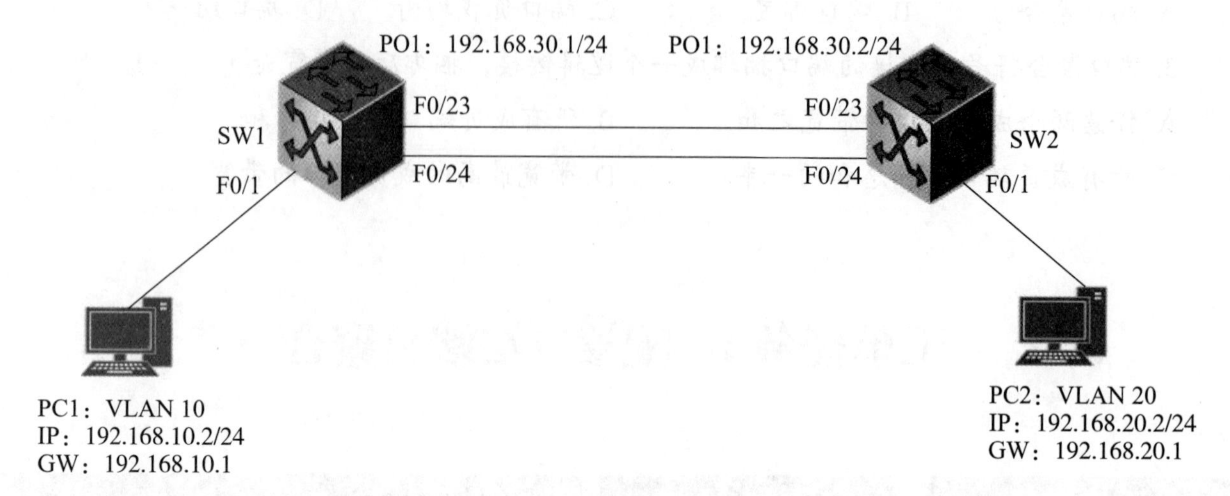

图 2–20 施工拓扑图

设备环境

本实验采用 Packet Tracer 进行实验，使用的三层交换机型号为 S3560，数量为 2 台，计算机 2 台。

三、任务实施

1. 在 SW1 交换机上创建 VLAN，并将接口放入相应的 VLAN 中

（1）在交换机 SW1 上创建 VLAN。

```
SW1（config）#vlan 10
```

（2）将交换机端口加入相应 VLAN。

```
SW1（config）#int fastEthernet 0/1
SW1（config-if）#switchport access vlan 10
```

2. 在 SW2 交换机上创建 VLAN，并将接口放入相应的 VLAN 中

（1）在交换机 SW2 上创建 VLAN。

```
SW2（config）#vlan 20
```

（2）将交换机端口加入相应 VLAN。

```
SW2（config）#int fastEthernet 0/1
SW2（config-if）#switchport access vlan 10
```

3. 配置三层交换机 VLAN 间通信

（1）SW1 配置。

```
SW1(config)#interface vlan________________
SW1(config-if)#ip address________________
```

（2）SW2 配置。

```
SW2(config)#interface vlan________________
SW2(config-if)#ip address________________
```

4. 三层聚合配置

（1）SW1 配置。

```
SW1(config)#interface port-channel 1          #创建端口聚合组1
SW1(config-if)#no switchport                  #将二层端口切换为三层端口
SW1(config-if)#ip address 192.168.30.1 255.255.255.0
SW1(config-if)#no shutdown
SW1(config-if)#exit
SW1(config)#interface range fastEthernet 0/23-24
SW1(config-if-range)#no switchport
SW1(config-if-range)#channel-group 1 mode on
```

（2）SW2 配置。

```
SW2(config)#________________                  #创建端口聚合组1
SW2(config-if)#________________               #将二层端口切换为三层端口
SW2(config-if)#ip address
SW2(config-if)#no shutdown
SW2(config-if)#exit
SW2(config)#interface range fastEthernet 0/23-24
SW2(config-if-range)#no switchport
SW2(config-if-range)#channel-group 1________________
```

5. 配置 RIP 路由协议

（1）SW1 配置。

```
SW1(config)#route________________
SW1(config-router)#network________________
SW1(config-router)#network________________
SW1(config-router)#version________________
SW1(config-router)#no auto-summary
```

（2）SW2 配置。

```
SW2(config)#route________________
SW2(config-router)#network________________
SW2(config-router)#network________________
```

```
SW2(config-router)#version________________
SW2(config-router)#no auto-summary
```

6. 验证

（1）查看 SW1 的端口聚合组情况。

```
SW1#show etherchannel summary
Flags:  D-down        P-in port-channel
        I-stand-alone s-suspended
        H-Hot-standby(LACP only)
        R-Layer3      S-Layer2
        U-in use      f-failed to allocate aggregator
        u-unsuitable for bundling
        w-waiting to be aggregated
        d-default port
Number of channel-groups in use:1
Number of aggregators:          1
Group  Port-channel  Protocol Ports
------+-------------+-----------+---------------------------------------
1      Po1(RU)           -        F0/23(P)F0/24(P)
```

“RU”标记表示在 SW1 上建立了三层聚合 1 组，端口为 F0/23 和 F0/24。

（2）PC1 ping PC2。

```
PC1>ping 192.168.20.2
Pinging 192.168.20.2 with 32 bytes of data:
Reply from 192.168.20.2:bytes=32 time=1ms TTL=127
Reply from 192.168.20.2:bytes=32 time=0ms TTL=127
Reply from 192.168.20.2:bytes=32 time=0ms TTL=127
Reply from 192.168.20.2:bytes=32 time=0ms TTL=127
Ping statistics for 192.168.20.2:
   Packets:Sent=4, Received=4, Lost=0(0% loss),
Approximate round trip times in milli-seconds:
   Minimum=0ms, Maximum=1ms, Average=0ms
```

PC1 可以和 PC2 正常通信，实验成功。

四、任务评价

评价项目	评价内容	参考分	评价标准	得分
拓扑图绘制	选择正确的连接线 选择正确的端口	10	选择正确的连接线，5 分 选择正确的端口，5 分	
IP 地址设置	正确配置各主机地址 正确配置交换机设备名称	10	正确配置两台主机 IP 和网关，5 分 正确配置交换机设备名称，5 分	

续表

评价项目	评价内容	参考分	评价标准	得分
交换机命令配置	正确地在交换机上创建 VLAN 并将端口加入 正确配置三层交换机 VLAN 信息 正确配置三层交换机的聚合端口 正确配置三层路由功能	40	正确地在交换机上创建 VLAN 并将端口加入，10 分 正确配置交换机 VLAN 信息，10 分 正确地在两台交换机上配置聚合端口，10 分 正确配置两台交换机的 RIP 路由，10 分	
验证测试	会查看配置信息 能读懂配置信息 会进行连通性测试	15	使用命令查看配置信息，5 分 分析配置信息含义，5 分 进行连通性测试，5 分	
职业素养	任务单填写齐全、整洁、无误	25	任务单填写齐全、工整，10 分 任务单填写无误，15 分	

五、相关知识

三层链路聚合

三层链路的 AP 技术和二层链路的 AP 技术的本质相同，都是通过捆绑多条链路形成一个逻辑端口来增加带宽，保证冗余和进行负载分担。三层链路冗余技术较二层链路冗余技术丰富得多，配合各种路由协议可以轻松实现三层链路冗余和负载均衡。

建立三层 AP 首先应手动建立聚合端口，并将其设置为三层接口。如果直接将交换机端口加入，会出现接口类型不匹配，命令无法执行的错误。

六、课后练习

1. 两台交换机通过聚合端口进行通信，下列因素中两端必须一致的有（　　）。（多选题）

A. 进行聚合的链路的数目　　B. 进行聚合的链路的速率

C. 进行聚合的链路的双工方式　　D. STP、QoS、VLAN 相关配置

2. 以下说法错误的是（　　）。

A. AP 成员端口的端口速率必须一致

B. AP 成员端口的端口传输介质必须一致

C. 组建聚合组的两台交换机 port-group 编号必须一致

D. S5750-E 系列交换机默认是 Source MaC 和 Destination MaC 的负载均衡方式

3. 以下对 IEEE 802.3ad 的说法正确的是（　　）。

A. 支持不等价链路聚合

B. 一般交换机上可以建立 8 个聚合端口

C. 聚合端口既有二层聚合端口，又有三层聚合端口

D. 聚合端口只适合百兆以上网络

项目小结

本项目主要介绍端口聚合技术，端口聚合实际就是将多个端口聚合在一起，使其看起来就好像是一个端口，带宽是原来端口的总和。虽然聚合在一起的端口在逻辑上属于一个端口聚合组，但是它们又是相互独立的。因为即使切断聚合组里的一条链路，这个聚合组还是能够正常通信的。这就是端口聚合的另外一个好处——链路冗余。此外，端口聚合还能提供负载均衡功能。现在端口聚合已经取代了 STP 技术，成为交换机互连的第一选择。

项目实践

使用模拟器或者真实设备完成图 2–21 所示的拓扑图配置。

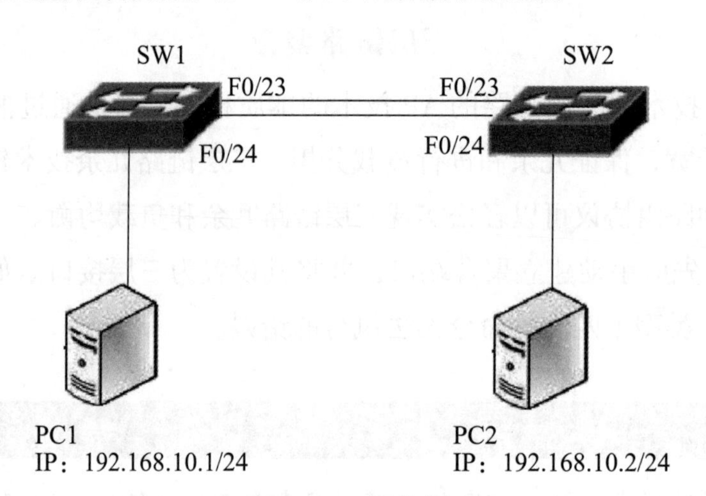

图 2–21　拓扑图

配置要求：

（1）PC1 连接在交换机 SW1 的 F0/1 端口，属于 VLAN 10，PC2 连接在交换机 SW2 的 F0/1 端口，也属于 VLAN 10。

（2）两台交换机之间的 F0/23 和 F0/24 端口通过交叉线连接，通过端口的聚合，使两条 100 MB 的物理链路能够形成一条 200 MB 的逻辑链路，从而实现提高交换机之间带宽的目的，同时，当一根网线发生故障时，另一根网线仍然可以担负传输功能。

（3）查看交换机 SW1 和 SW2 上端口聚合的情况，并将状态信息的配置保存。

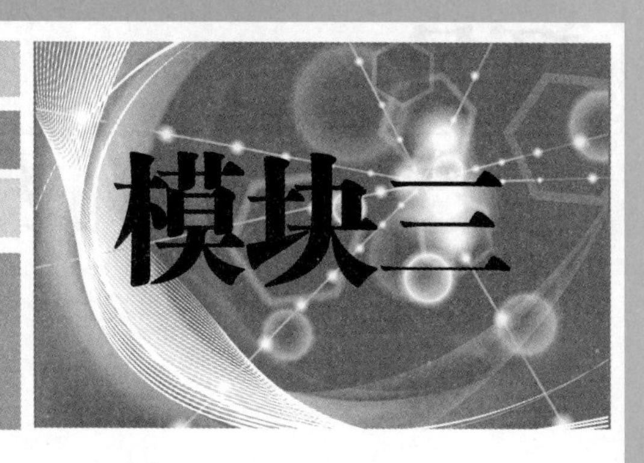

网络性能优化

【模块引言】

网络安全是一个关系国家安全和主权、社会稳定、民族文化继承和发扬的重要问题。它主要包括系统安全、网络信息安全、信息传播安全和信息内容安全，能对人们网络上的个人信息、合法权益，国家重要文件和机密形成有力的保护，而不因偶然或恶意的原因遭到破坏、更改和泄露。本模块将通过学习访问控制列表、交换机端口安全、路由控制、DHCP 服务和网络地址转换等五个项目从而有效提高网络的安全性。

【学习目标】

知识目标：

- 学习网络设备配置中网络安全的相关知识。
- 掌握访问控制列表、交换机端口安全、路由控制、DHCP 服务、网络地址转换等技术的配置方法。
- 理解有关网络性能优化技术的工作原理和应用场景。

能力目标：

- 能够说出有关网络性能优化技术的工作原理。
- 能够正确配置访问控制列表、交换机端口安全、路由控制、DHCP 服务、网络地址转换等技术。
- 能够结合具体项目应用正确分析故障信息，使用多种技术准确排故。

素质目标：

- 强调网络安全的重要性，培养学生的网络安全意识。
- 培养学生具有精益求精的工匠精神和扎实的钻研精神。

项目一

控制访问列表实现网络安全

工单任务1　使用标准访问控制列表实现流量控制

一、工作准备

想一想

什么是 ACL？它的主要作用是什么？

写一写

写出在路由器 RA 上配置一条 ACL 的命令，列表编号为 10，允许 192.168.1.0 网段数据包通过，并在接口（out）上应用访问控制列表。

```
RA（config）#__________________
RA（config-if）#__________________
```

二、任务描述

任务场景

配置全网互通及 ACL。要求 PC1 可以访问 PC2，PC1 不能访问 PC3，PC2 和 PC3 可以相互访问，如图 3-1 所示。

施工拓扑

施工拓扑图如图 3-1 所示。

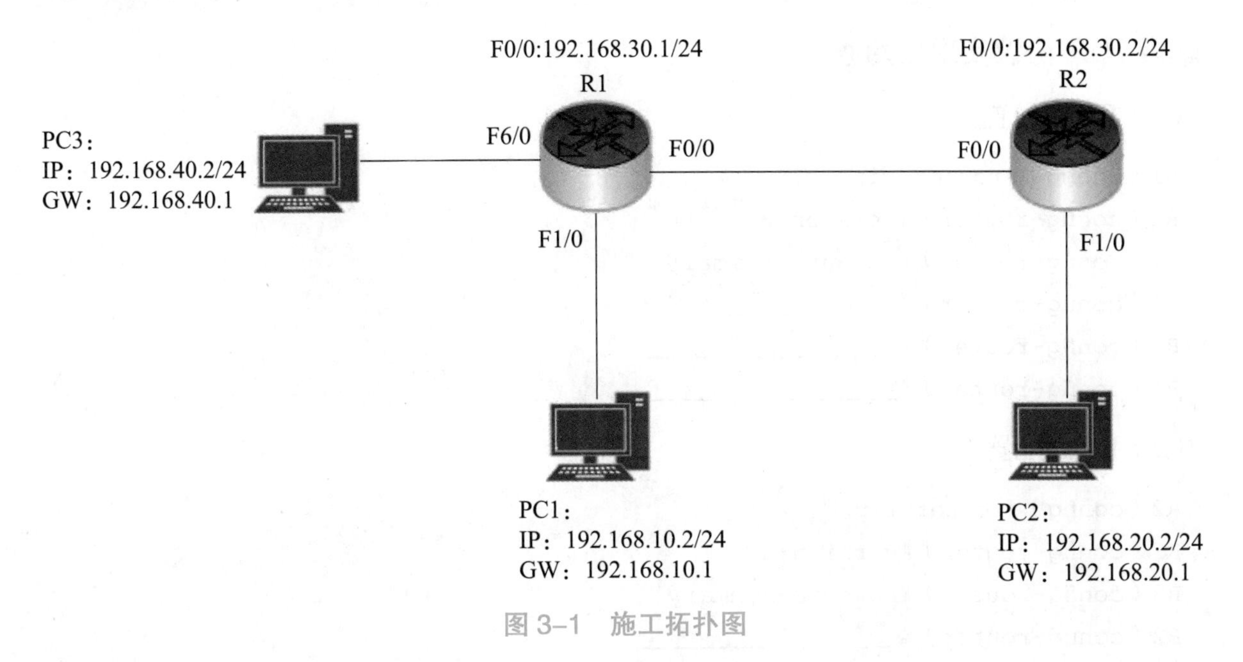

图 3-1　施工拓扑图

设备环境

本实验采用 Packet Tracer 进行实验，使用的路由器型号为 Router-PT，数量为 2 台，计算机 3 台。

三、任务实施

1. R1 和 R2 的接口配置

（1）R1 配置。

```
R1(config)#int fastEthernet 0/0
R1(config-if)#ip add 192.168.30.1 255.255.255.0
R1(config-if)#no shutdown
R1(config-if)#interface fastEthernet 1/0
R1(config-if)#ip address 192.168.10.1 255.255.255.0
R1(config-if)#no shutdown
R1(config)#int fastEthernet 6/0
R1(config-if)#ip address 192.168.40.1 255.255.255.0
R1(config-if)#no shutdown
```

（2）R2 配置。

```
R2(config)#int fastEthernet 0/0
R2(config-if)#ip address 192.168.30.2 255.255.255.0
R2(config-if)#no shutdown
```

```
R2(config)#int fastEthernet 1/0
R2(config-if)#ip address 192.168.20.1 255.255.255.0
R2(config-if)#no shutdown
```

2. 配置 RIP 协议实现全网通

（1）R1 的配置。

```
R1(config)#router rip
R1(config-router)#version 2
R1(config-router)#no auto-summary
R1(config-router)#________________
R1(config-router)#________________
R1(config-router)#________________
```

（2）R2 的配置。

```
R2(config)#router rip
R2(config-router)#version 2
R2(config-router)#no auto-summary
R2(config-router)#________________
R2(config-router)#________________
```

（3）ACL 配置。

```
R1(config)#access-list 1 deny 192.168.40.0 0.0.0.255
R1(config)#access-list 1 permit any
R1(config)#int fastEthernet 1/0
R1(config-if)#ip access-group 1 out
```

3. 验证配置

（1）PC1 ping PC2。

```
C:\>ping 192.168.20.2
Pinging 192.168.20.2 with 32 bytes of data:
Reply from 192.168.20.2:bytes=32 time<1ms TTL=126
Reply from 192.168.20.2:bytes=32 time<1ms TTL=126
Reply from 192.168.20.2:bytes=32 time<1ms TTL=126
Reply from 192.168.20.2:bytes=32 time<1ms TTL=126
Ping statistics for 192.168.20.2:
    Packets:Sent=4, Received=4, Lost=0(0% loss),
Approximate round trip times in milli-seconds:
    Minimum=0ms, Maximum=0ms, Average=0ms
```

（2）PC1 ping PC3。

```
C:\>ping 192.168.40.2
Pinging 192.168.40.2 with 32 bytes of data:
Request timed out.
```

```
Request timed out.
Request timed out.
Request timed out.
Ping statistics for 192.168.40.2:
   Packets:Sent=4, Received=0, Lost=4 (100% loss),
```

（3）PC2 ping PC3。

```
C:\>ping 192.168.40.2
Pinging 192.168.40.2 with 32 bytes of data:
Reply from 192.168.40.2:bytes=32 time=1ms TTL=126
Reply from 192.168.40.2:bytes=32 time<1ms TTL=126
Reply from 192.168.40.2:bytes=32 time<1ms TTL=126
Reply from 192.168.40.2:bytes=32 time<1ms TTL=126
Ping statistics for 192.168.40.2:
    Packets:Sent=4, Received=4, Lost=0 (0% loss),
Approximate round trip times in milli-seconds:
    Minimum=0ms, Maximum=1ms, Average=0ms
```

通过上面的测试发现配置正确，实验成功。

任务归纳

标准访问控制列表只能对源地址进行控制，一般用于绑定一些网络业务，如 Nat、策略路由等。

四、任务评价

评价项目	评价内容	参考分	评价标准	得分
拓扑图绘制	选择正确的连接线 选择正确的端口	10	选择正确的连接线，5 分 选择正确的端口，5 分	
IP 地址设置	正确配置各主机地址 正确配置路由器设备名称	15	正确配置 3 台主机 IP 和网关，10 分 正确配置路由器设备名称，5 分	
路由器命令配置	正确地在路由器上配置动态路由 正确配置标准访问控制列表	40	开启路由器端口，5 分 正确配置 RIP 路由实现全网通，15 分 正确创建标准 ACL，20 分	
验证测试	会查看配置信息 能读懂配置信息 会进行连通性测试	15	使用命令查看配置信息，5 分 分析配置信息含义，5 分 进行连通性测试，5 分	
职业素养	任务单填写齐全、整洁、无误	20	任务单填写齐全、工整，10 分 任务单填写无误，10 分	

五、相关知识

1. ACL 的基本概念

访问控制列表（Access Control Lists，ACL）使用包过滤技术，在路由器上读取第 3 层或第 4 层包头中的信息，如源地址、目的地址、源端口、目的端口及上层协议等，根据预先定义的规则决定哪些数据包可以接收、哪些数据包需要拒绝，从而达到访问控制的目的。配置路由器的访问控制列表是网络管理员的一件经常性的工作。

2. ACL 的作用

ACL 的作用主要表现在两个方面：一方面保护资源节点，阻止非法用户对资源节点的访问；另一方面限制特定的用户节点所能具备的访问权限。

①检查和过滤数据包。

②限制网络流量，提高网络性能。

③限制或减少路由更新的内容。

④提供网络访问的基本安全级别。

3. 工作原理

当一个数据包进入路由器的某一个接口时，路由器首先检查该数据包是否可路由或可桥接。然后路由器检查是否在入站接口上应用了 ACL。如果有 ACL，就将该数据包与 ACL 中的条件语句相比较。如果数据包被允许通过，就继续检查路由器选择表条目，以决定转发到的目的接口。ACL 不过滤由路由器本身发出的数据包，只过滤经过路由器的数据包。之后路由器检查目的接口是否应用了 ACL，如果没有应用，数据包就被直接送到目的接口输出，如图 3–2 所示。

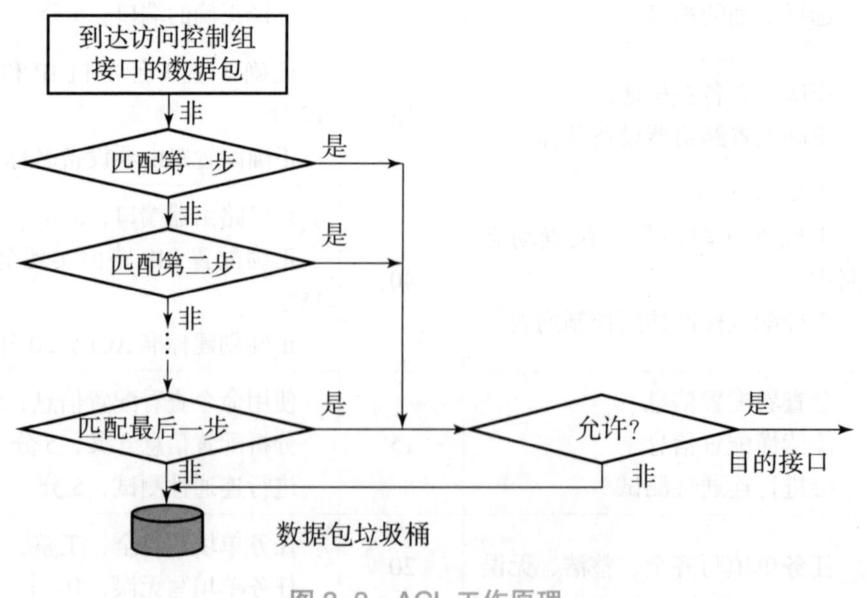

图 3–2　ACL 工作原理

4. 标准访问控制列表

最广泛使用的访问控制列表是 IP 访问控制列表，IP 访问控制列表工作于 TCP/IP 协议组。按照访问控制列表检查 IP 数据包参数的不同，可以将其分成标准 ACL 和扩展 ACL 两种类型。

5. 标准 ACL 的工作过程

标准 ACL 的工作过程如图 3-3 所示。

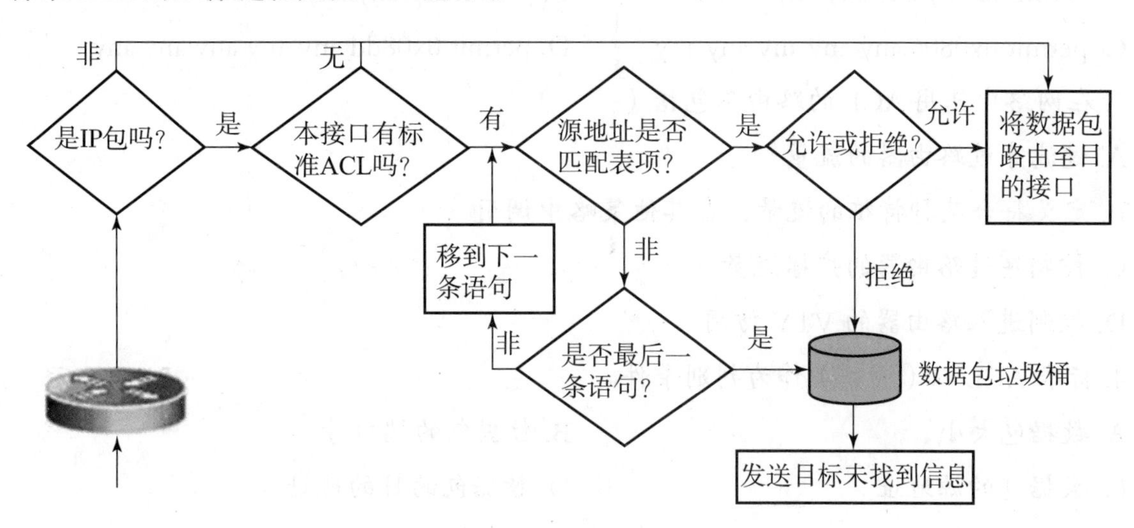

图 3-3　标准 ACL 工作过程

6. ACL 配置

（1）创建标准 ACL 列表。

```
Router(config)#access-list[1-99]permit | deny any |[source][source-wildcard]
```

（2）进入接口。

```
Router (config) #interface fastethernet 0/0
```

（3）配置 ACL 在接口的应用方向。

```
Router (config-if) #ip  access-group 1  in|out
```

标准 ACL 参数信息如表 3-1 所示。

表 3-1　标准 ACL 参数信息

参　数	描　述
Access-list-number	访问控制列表表号，用来指定入口属于哪一个访问控制列表，对于标准 ACL 来说，是一个 1~99 的数字
Deny	若满足测试条件，则拒绝从该入口来的通信流量
Permit	若满足测试条件，则允许从该入口来的通信流量
Source	数据包的源地址，可以是网络地址或是主机 IP 地址
Source-wildcard	可选项，通配符掩码，又称反掩码，用来与源地址一起决定哪些位置需要匹配

六、课后练习

1. 下列是正确的标准 ACL 的编号的是（　　）。

A. 1~99　　B. 100~199　　C. 200~299　　D. 0~100

2. 在锐捷交换机上配置专家ACL来放通ARP报文，下列配置错误的是（　　）。（多选题）

A. permit ip any any any any

B. permit arp any any any any any

C. permit 0x0806 any any any any any

D. permit 0x08dd any any any any any

3. 在网络中使用 ACL 的路由不包括（　　）。

A. 过滤穿过路由器的流量

B. 定义符合某种特征的流量，在其他策略中调用

C. 控制穿过路由器的广播流量

D. 控制进入路由器的 VTY 访问

4. 标准 ACL 以（　　）作为判别条件。

A. 数据包大小

B. 数据包的端口号

C. 数据包的源地址

D. 数据包的目的地址

工单任务2　使用扩展访问控制列表实现流量控制

一、工作准备

想一想

1. 编号扩展 ACL 的序号范围是多少？它能够实现哪些特殊的功能？

2. 访问控制列表的 5 个控制要素分别是什么？

二、任务描述

任务场景

配置全网互通及 ACL。PC1 与 PC3 为客户端 PC，PC2 为服务器。现需要通过扩展 ACL 实现 PC1 与 PC2 通信，PC1 不可以与 PC3 通信，其他通信正常，如图 3–4 所示。

施工拓扑

施工拓扑图如图 3–4 所示。

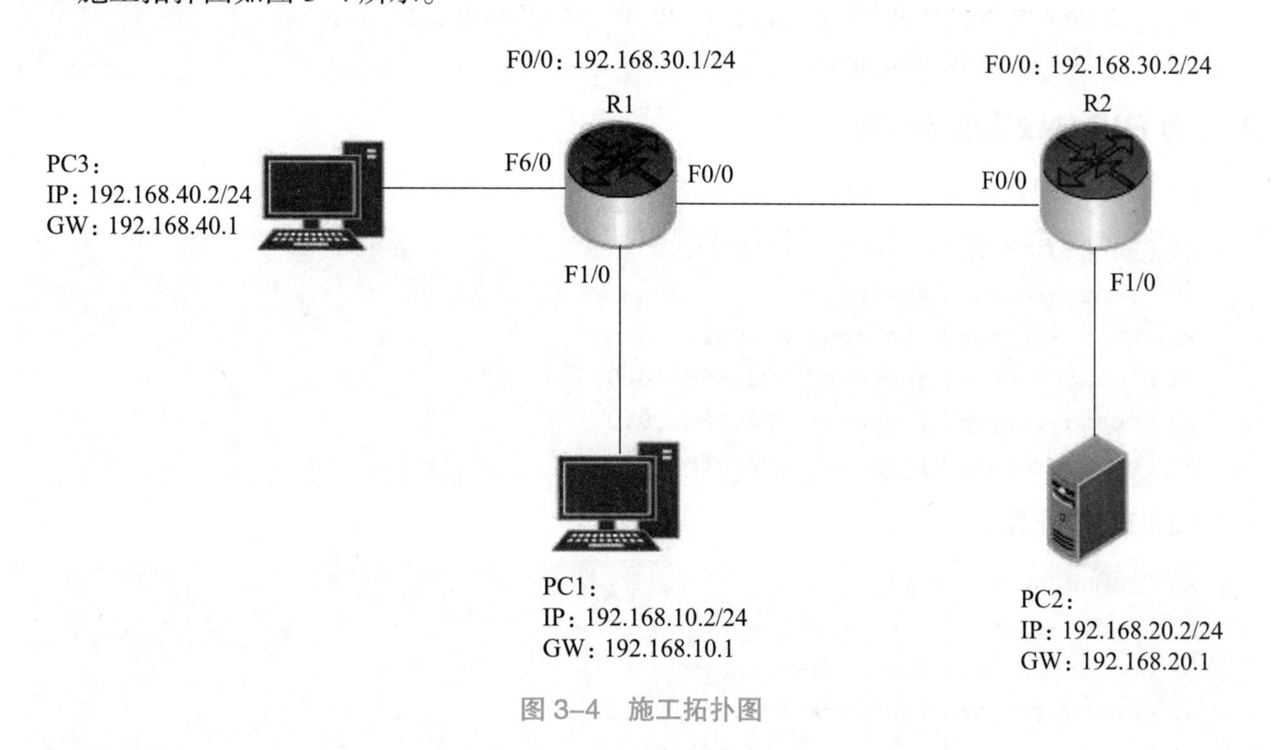

图 3–4　施工拓扑图

设备环境

本实验采用 Packet Tracer 进行实验，使用的路由器型号为 Router–PT，数量为 2 台，计算机 2 台，服务器 1 台。

三、任务实施

1. R1 和 R2 的接口配置

（1）R1 配置。

```
R1(config)#int fastEthernet 0/0
R1(config-if)#ip add 192.168.30.1 255.255.255.0
R1(config-if)#no shutdown
R1(config-if)#interface fastEthernet 1/0
R1(config-if)#ip address 192.168.10.1 255.255.255.0
```

```
R1(config-if)#no shutdown
R1(config)#int fastEthernet 6/0
R1(config-if)#ip address 192.168.40.1 255.255.255.0
R1(config-if)#no shutdown
```

（2）R2 配置。

```
R2(config)#int fastEthernet 0/0
R2(config-if)#ip add 192.168.30.2 255.255.255.0
R2(config-if)#no shutdown
R2(config)#int fastEthernet 1/0
R2(config-if)#ip address 192.168.20.1 255.255.255.0
R2(config-if)#no shutdown
```

2. 配置 RIP 协议实现全网通

（1）R1 的配置。

```
R1(config)#router rip
R1(config-router)#version 2
R1(config-router)#no auto-summary
R1(config-router)#network 192.168.10.0
R1(config-router)#network 192.168.30.0
R1(config-router)#network 192.168.40.0
```

（2）R2 的配置。

```
R2(config)#router rip
R2(config-router)#version 2
R2(config-router)#no auto-summary
R2(config-router)#network 192.168.20.0
R2(config-router)#network 192.168.30.0
```

（3）ACL 配置。

```
R1(config)#access-list 100 deny ip 192.168.10.0 0.0.0.255 192.168.40.0 0.0.0.255
R1(config)#access-list 100 permit ip any any
R1(config)#interface fastEthernet 1/0
R1(config-if)#ip access-group 100 in
```

3. 验证配置

（1）PC1 ping PC2。

```
C:\>ping 192.168.20.2
Pinging 192.168.20.2 with 32 bytes of data:
Reply from 192.168.20.2:bytes=32 time<1ms TTL=126
Reply from 192.168.20.2:bytes=32 time<1ms TTL=126
Reply from 192.168.20.2:bytes=32 time<1ms TTL=126
Reply from 192.168.20.2:bytes=32 time<1ms TTL=126
```

```
Ping statistics for 192.168.20.2:
   Packets:Sent=4, Received=4, Lost=0 (0% loss),
Approximate round trip times in milli-seconds:
   Minimum=0ms, Maximum=0ms, Average=0ms
```

（2）PC1 ping PC3。

```
C:\>ping 192.168.40.2
Pinging 192.168.40.2 with 32 bytes of data:
Request timed out.
Request timed out.
Request timed out.
Request timed out.
Ping statistics for 192.168.40.2:
   Packets:Sent=4, Received=0, Lost=4 (100% loss),
```

（3）PC2 ping PC3。

```
C:\>ping 192.168.40.2
Pinging 192.168.40.2 with 32 bytes of data:
Reply from 192.168.40.2:bytes=32 time=1ms TTL=126
Reply from 192.168.40.2:bytes=32 time<1ms TTL=126
Reply from 192.168.40.2:bytes=32 time<1ms TTL=126
Reply from 192.168.40.2:bytes=32 time<1ms TTL=126
Ping statistics for 192.168.40.2:
   Packets:Sent=4, Received=4, Lost=0 (0% loss),

Approximate round trip times in milli-seconds:
   Minimum=0ms, Maximum=1ms, Average=0ms
```

通过上面的测试发现配置正确，实验成功。

任务归纳

扩展访问控制列表可以对源地址、目的地址及端口进行精细化的流量控制。

四、任务评价

评价项目	评价内容	参考分	评价标准	得分
拓扑图绘制	选择正确的连接线 选择正确的端口	20	选择正确的连接线，10 分 选择正确的端口，10 分	
IP 地址设置	正确配置各主机地址 正确配置交换机和路由器设备名称	15	正确配置两台主机 IP 和网关，10 分 正确配置交换机和路由器设备名称，5 分	

续表

评价项目	评价内容	参考分	评价标准	得分
路由器命令配置	正确地在路由器上创建子接口	20	开启路由器端口，5 分 正确创建路由器子接口并配置 IP 地址，15 分	
验证测试	会查看配置信息 能读懂配置信息 会进行连通性测试	25	使用命令查看配置信息，10 分 分析配置信息含义，5 分 进行连通性测试，10 分	
职业素养	任务单填写齐全、整洁、无误	20	任务单填写齐全、工整，10 分 任务单填写无误，10 分	

五、相关知识

1. 扩展 ACL 概述

扩展 ACL 比标准 ACL 提供了更广泛的控制范围。例如，网络管理员如果希望做到“允许外来的 Web 通信流量通过，拒绝外来的 FTP 和 Telnet 等通信流量”，那么，他可以使用扩展 ACL 来达到目的，标准 ACL 不能控制得这么精确。

扩展 ACL 可以使用地址作为条件，也可以用上层协议作为条件。

扩展 ACL 既可以测试数据包的源地址，也可以测试数据包的目的地址。

定义扩展 ACL 时，可使用的表号为 100~199。

2. 扩展 ACL 工作过程

扩展 ACL 工作过程如图 3–5 所示。

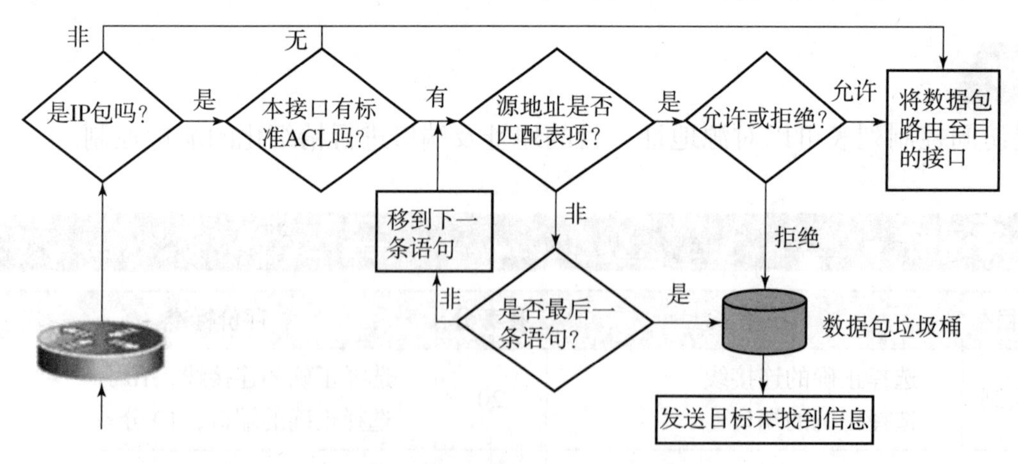

图 3–5　扩展 ACL 工作过程

3. 扩展 ACL 配置

```
Router(config)#access-list access-list-number {deny|permit} protocol [source source-wildcard destination destination-wildcard][operator operand]
```

扩展 ACL 参数信息如表 3–2 所示。

表 3–2　扩展 ACL 参数信息

参　数	描　述
Access–list–number	访问控制列表序号，使用一个 100~199 的编号
deny	如果条件符合，就拒绝后面指定的特定地址的通信流量
permit	如果条件符合，就允许后面指定的特定地址的通信流量
protocol	用来指定协议类型，如 IP、ICMP、TCP 或 UDP 等
Source 和 destination	数据包的源地址和目的地址，可以是网络地址或是主机 IP 地址
Source–wildcard	应用与源地址的通配符掩码
destination–wildcard	应用与目的地址的通配符掩码
opterator	（可选项）比较源和目的端口，可用的操作符包括 lt（小于）、gt（大于）、eq（等于）、neq（不等于）和 range（包括的范围） 如果操作符位于源地址和源地址通配符之后，那么它必须匹配源端口；如果操作符位于目的地址和目的地址通配符之后，那么它必须匹配目的端口。Range 操作符需要两个端口号，其他操作符只需要一个端口号
operand	（可选项）指明 TCP 或 UDP 端口的十进制数字或名称，端口号可以从 0 到 65 535

六、课后练习

1. 如果来自因特网的 HTTP 报文的目标地址是 162.15.1.1，经过这个 ACL 过滤后，会出现的情况是（　　）。

A. 由于行 30 拒绝，报文被丢弃

B. 由于行 40 允许，报文被接受

C. 由于 ACL 末尾隐含地拒绝，报文被丢弃

D. 由于报文源地址未包含在列表中，报文被接收

2. 某台路由器上配置了一条访问列表：access–list 4 deny 202.38.0.0 0.0.255.255 access–list 4 permit 202.38.160.1 0.0.0.255，表示（　　）。

A. 只禁止源地址为 202.38.0.0 网段的所有访问

B. 只允许目的地址为 202.38.0.0 网段的所有访问

C. 检查源 IP 地址，禁止 202.38.0.0 大网段的主机，但允许其中的 202.38.160.0 小网段上的主机

D. 检查目的 IP 地址，禁止 202.38.0.0 大网段的主机，但允许其中的 202.38.160.0 小网段的主机

3. 如果在一个接口上使用了 access group 命令，但没有创建相应的 access list，那么在此接口上，下面描述正确的是（　　）。

A. 发生错误　　　　　　　　　B. 拒绝所有的数据包 in

C. 拒绝所有的数据包 out　　　D. 允许所有的数据包 in、out

4. 在访问控制列表中，地址和掩码分别为 168.18.64.0 和 0.0.3.255，表示的 IP 地址范围是（　　）。

A. 168.18.67.0~168.18.70.255　　B. 168.18.64.0~168.18.67.255

C. 168.18.63.0~168.18.64.255　　D. 168.18.64.255~168.18.67.255

5. 访问控制列表 access-list 100 permit ip 129.38.1.1 0.0.255.255 202.38.5.2 0 的含义是（　　）。

A. 允许主机 129.38.1.1 访问主机 202.38.5.2

B. 允许网络 129.38.0.0 访问网络 202.38.0.0

C. 允许主机 202.38.5.2 访问网络 129.38.0.0

D. 允许网络 129.38.0.0 访问主机 202.38.5.2

工单任务3　使用基于端口扩展控制访问列表实现流量控制

一、工作准备

想一想

1. 常见网络服务及其端口有哪些？

2. 基于端口扩展控制访问列表能够实现哪些特殊的功能？

说一说

结合图 3-6 说出以下命令的作用。

```
R1(config)#access-list 101 permit tcp 192.168.10.0 0.0.0.255 192.168.20.2 0.0.0.0 eq 80
```

二、任务描述

任务场景

配置扩展 ACL，要求只允许 PC1 所在网段的主机访问 PC2 服务器的 WWW 和 FTP 服务，并拒绝 PC1 所在的网段主机 ping PC3 所在网段的主机，其他流量正常放行，如图 3–6 所示。

施工拓扑

施工拓扑图如图 3–6 所示。

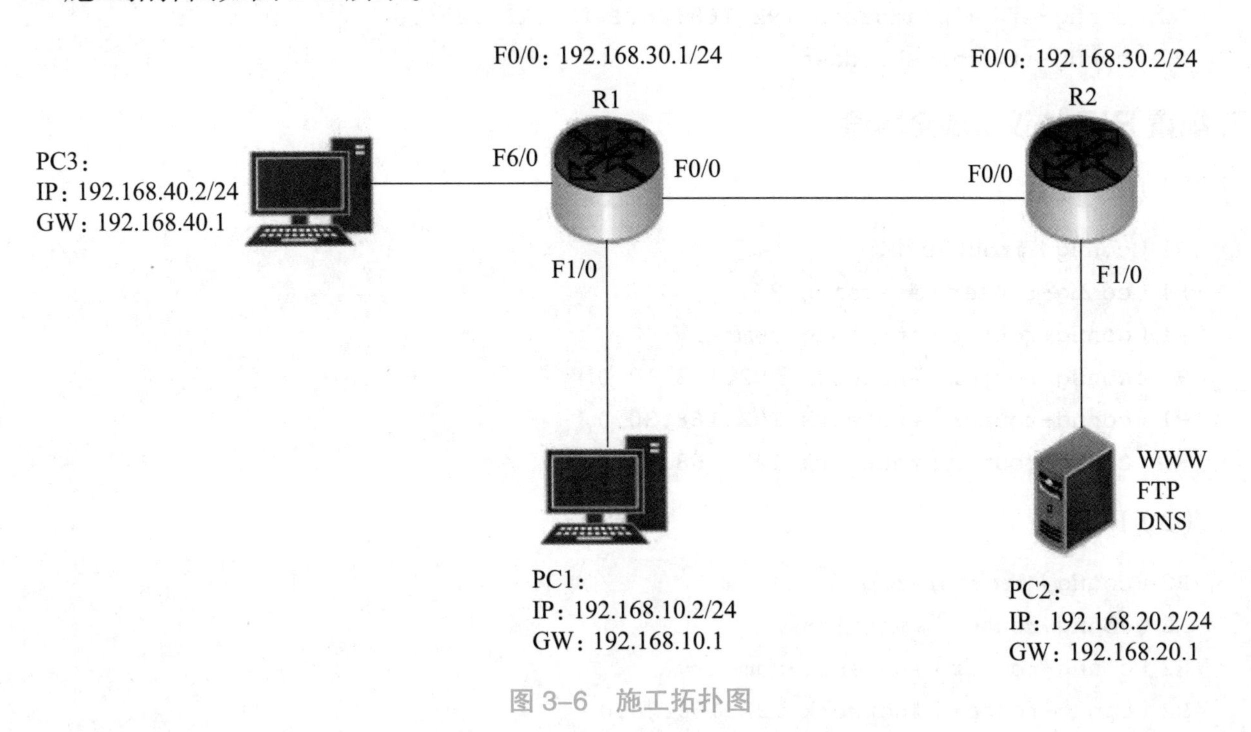

图 3–6　施工拓扑图

设备环境

本实验采用 Packet Tracer 进行实验，使用的路由器型号为 Router–PT，数量为 2 台，计算机 2 台，服务器 1 台。

三、任务实施

1. R1 和 R2 的接口配置

（1）R1 配置。

```
R1(config)#int fastEthernet 0/0
R1(config-if)#ip add 192.168.30.1 255.255.255.0
R1(config-if)#no shutdown
R1(config-if)#interface fastEthernet 1/0
R1(config-if)#ip address 192.168.10.1 255.255.255.0
```

```
R1(config-if)#no shutdown
R1(config)#int fastEthernet 6/0
R1(config-if)#ip address 192.168.40.1 255.255.255.0
R1(config-if)#no shutdown
```

(2)R2 配置。

```
R2(config)#int fastEthernet 0/0
R2(config-if)#ip add 192.168.30.2 255.255.255.0
R2(config-if)#no shutdown
R2(config)#int fastEthernet 1/0
R2(config-if)#ip address 192.168.20.1 255.255.255.0
R2(config-if)#no shutdown
```

2. 配置 RIP 协议实现全网通

(1)R1 配置。

```
R1(config)#router rip
R1(config-router)#version 2
R1(config-router)#no auto-summary
R1(config-router)#network 192.168.10.0
R1(config-router)#network 192.168.30.0
R1(config-router)#network 192.168.40.0
```

(2)R2 配置。

```
R2(config)#router rip
R2(config-router)#version 2
R2(config-router)#no auto-summary
R2(config-router)#network 192.168.20.0
R2(config-router)#network 192.168.30.0
```

(3)ACL 配置。

```
R1(config)#access-list 101 permit tcp 192.168.10.0 0.0.0.255
192.168.20.20.0.0.0 eq__________
#允许访问 PC2 的 www
R1(config)#access-list 101 permit tcp 192.168.10.0 0.0.0.255
192.168.20.20.0.0.0 eq__________
#允许访问 PC2 的 FTP
R1(config)#access-list 101 permit tcp 192.168.10.0 0.0.0.255
192.168.20.20.0.0.0 eq 21
#允许访问 PC2 的 FTP
R1(config)#access-list 101 deny ip 192.168.10.0 0.0.0.255 host__________
#禁止 PC1 网段主机访问 PC2 服务器的其他流量
注: host 192.168.20.2 等价于 192.168.20.20.0.0.0 都表示一个地址
R1(config)#access-list 101_____icmp 192.168.10.0 0.0.0.255 192.168.40.0 0.0.0.255
#禁止 ping PC3
```

```
R1(config)#access-list 101 permit ip any any          # 放行其他流量
R1(config)#int fa1/0
R1(config-if)#ip access-group 101 in                  # 在接口的进方向上开启 ACL
```

3. 验证配置

(1) PC1 ping PC2。

```
PC>ping 192.168.20.2
Pinging 192.168.20.2 with 32 bytes of data:
Reply from 192.168.10.1: Destination host unreachable.
Reply from 192.168.10.1: Destination host unreachable.
Reply from 192.168.10.1: Destination host unreachable.
Reply from 192.168.10.1: Destination host unreachable.
Ping statistics for 192.168.20.2:
    Packets:Sent=4, Received=0, Lost=4 (100% loss),
```

(2) PC1 访问 PC2 服务器的 Web 和 FTP 服务。

访问 Web 的测试如图 3-7 所示。

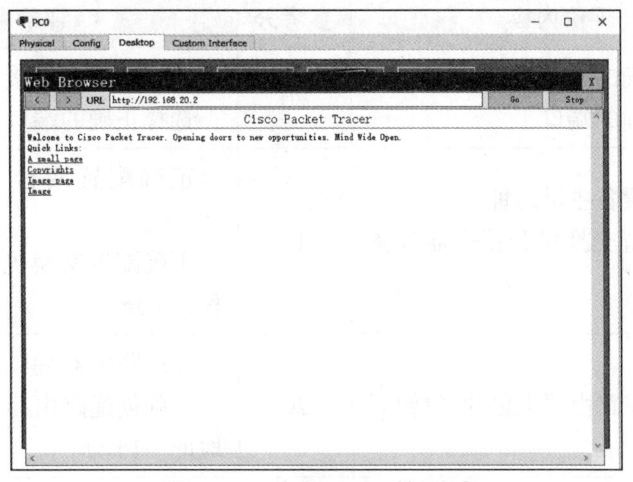

图 3-7 访问 Web 的测试

访问 FTP 的测试如图 3-8 所示。

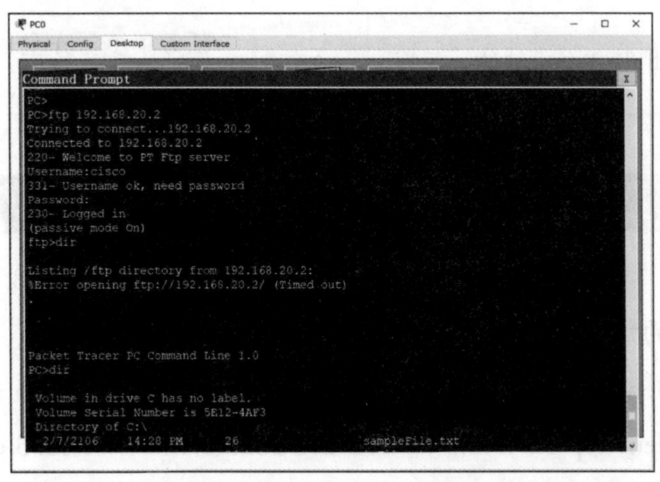

图 3-8 访问 FTP 的测试

（3）PC1 ping PC3。

```
C:\>ping 192.168.40.2
Pinging 192.168.40.2 with 32 bytes of data:
Request timed out.
Request timed out.
Request timed out.
Request timed out.
Ping statistics for 192.168.40.2:
   Packets:Sent=4, Received=0, Lost=4 (100% loss),
```

通过上面的测试发现效果配置正确，实验成功。

任务归纳

基于端口的扩展列表一般用于控制一些服务和协议的数据流。

四、任务评价

评价项目	评价内容	参考分	评价标准	得分
拓扑图绘制	选择正确的连接线 选择正确的端口	20	选择正确的连接线，10 分 选择正确的端口，10 分	
IP 地址设置	正确配置各主机地址 正确配置交换机和路由器设备名称	15	正确配置两台主机 IP 和网关，10 分 正确配置交换机和路由器设备名称，5 分	
路由器命令配置	正确地在路由器上创建子接口	20	开启路由器端口，5 分 正确创建路由器子接口并配置 IP 地址，15 分	
验证测试	会查看配置信息 能读懂配置信息 会进行连通性测试	25	使用命令查看配置信息，10 分 分析配置信息含义，5 分 进行连通性测试，10 分	
职业素养	任务单填写齐全、整洁、无误	20	任务单填写齐全、工整，10 分 任务单填写无误，10 分	

五、课后练习

1. 下面能够表示“禁止从 129.9.0.0 网段中的主机建立与 202.38.16.0 网段内的主机的 WWW 端口的连接”的访问控制列表是（　　）。（多选题）

A. access–list 101 deny tcp 129.9.0.0 0.0.255.255 202.38.16.0 0.0.0.255 eq www

B. access–list 100 deny tcp 129.9.0.0 0.0.255.255 202.38.16.0 0.0.0.255 eq 80

C. access–list 100 deny ucp 129.9.0.0 0.0.255.255 202.38.16.0 0.0.0.255 eq www

D. access−list 99 deny ucp 129.9.0.0 0.0.255.255 202.38.16.0 0.0.0.255 eq 80

2. 访问控制列表 access−list 100 deny ip 10.1.10.10 0.0.255.255 any eq 80 的含义是（　　）。

A. 规则序列号是 100，禁止到 10.1.10.10 主机的 telnet 访问

B. 规则序列号是 100，禁止到 10.1.0.0/16 网段的 WWW 访问

C. 规则序列号是 100，禁止从 10.1.0.0/16 网段来的 WWW 访问

D. 规则序列号是 100，禁止从 10.1.10.10 主机来的 rlogin 访问

3. 在路由器上配置命令：

```
Access-list 100 deny icmp 10.1.0.0 0.0.255.255 any host-redirect
Access-list 100 deny tcp any 10.2.1.2. 0.0.0.0 eq 23
Access-list 100 permit ip any any
```

并将此规则应用在接口上，下列说法正确的是（　　）。(多选题)

A. 禁止从 10.1.0.0 网段发来的 ICMP 的主机重定向报文通过

B. 禁止所有用户远程登录到 10.2.1.2 主机

C. 允许所有的数据包通过

D. 以上说法均不正确

项目小结

本项目主要介绍控制访问列表（ACL）技术，一个标准 IP 访问控制列表匹配 IP 包中的源地址或源地址中的一部分，可对匹配的包采取拒绝或允许两个操作。编号范围为 1~99 的访问控制列表是标准 IP 访问控制列表。标准访问列表一般用于绑定其他业务一起使用，如 NAT、策略路由等。

扩展 IP 访问控制列表比标准 IP 访问控制列表具有更多的匹配项，包括协议类型、源地址、目的地址、源端口、目的端口、建立的连接和 IP 地址优先级等。编号范围为 100~199 的访问控制列表是扩展 IP 访问控制列表。扩展访问控制列表由于增加了目的地址和端口两个参数，用于做更加精细的流量控制。

项目实践

使用模拟器或者真实设备完成图 3–9 所示的拓扑图配置。

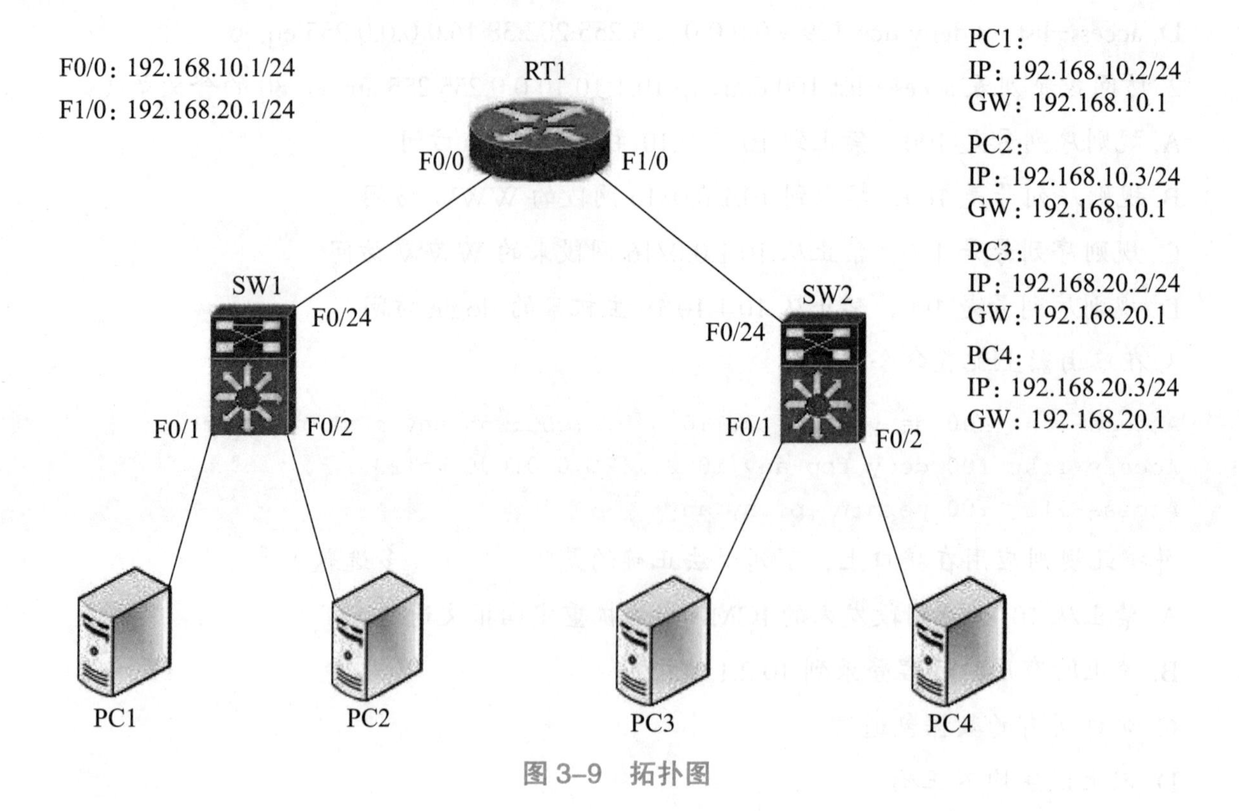

图 3–9 拓扑图

配置要求：

（1）配置主机、服务器与路由器的 IP 地址，配置全网通。

（2）配置标准 ACL，使得 PC1 可以访问 PC3 和 PC4，PC2 不能访问 PC3 和 PC4。使该配置生效，然后删除该条 ACL。

（3）配置扩展 ACL，使得 PC1 可以访问 PC4 的 WWW 服务，PC2 不能访问 PC4 的 WWW 服务，4 个 PC 之间相互能够 ping 通。使该配置生效，然后删除该条 ACL。

项目二
路由控制

工单任务　配置RIP和OSPF重分发

一、工作准备

想一想

1. 为什么需要路由重分发？

2. 路由重分发的方式有哪些？

二、任务描述

任务场景

R1 运行 OSPF 协议，R3 运行 RIP 协议，R2 作为中间路由器。在 R2 上配置路由重分发，从而实现全网通，如图 3-10 所示。

施工拓扑

施工拓扑图如图 3-10 所示。

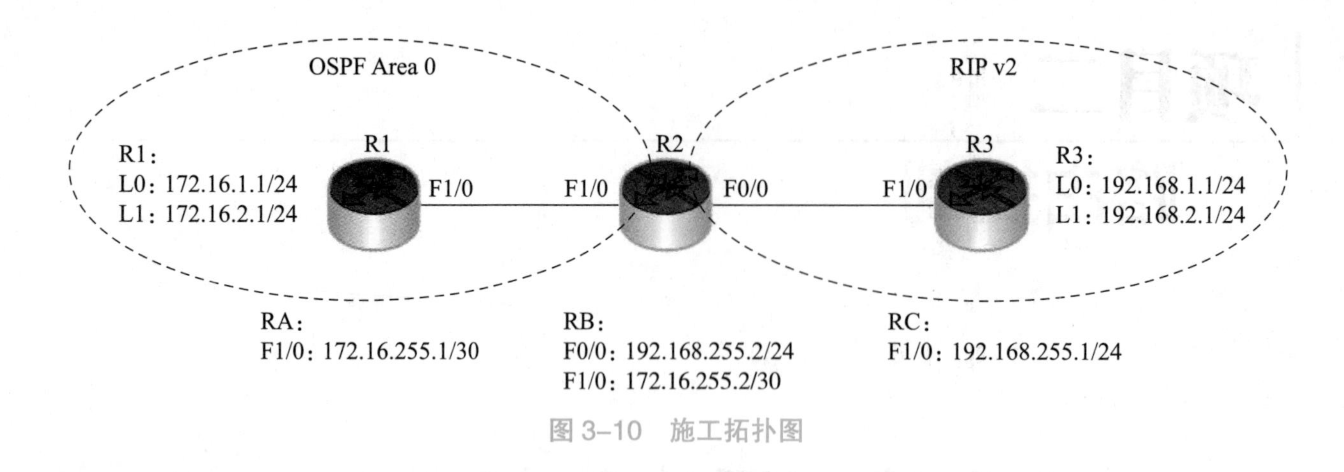

图 3-10 施工拓扑图

设备环境

本实验采用 Packet Tracer 进行实验，使用的路由器型号为 Router-PT，数量为 3 台。

三、任务实施

1. 路由器各端口配置

（1）在 R1 路由器上配置 IP 地址。

```
R1(config)#interface fastEthernet 1/0
R1(config-if)#ip address 172.16.255.1 255.255.255.252
R1(config-if)#no shutdown
R1(config)#interface loopback 0
R1(config-if)#ip address 172.16.1.1 255.255.255.0
R1(config-if)#exit
R1(config)#interface loopback 1
R1(config-if)#ip address 172.16.2.1 255.255.255.0
R1(config-if)#exit
```

（2）在 R2 路由器上配置 IP 地址。

```
R2(config)#interface fastEthernet 0/0
R2(config-if)#ip address 192.168.255.2 255.255.255.0
R2(config-if)#no shutdown
R2(config-if)#exit
R2(config)#interface fastEthernet 1/0
R2(config-if)#ip address 172.16.255.2 255.255.255.252
R2(config-if)#no shutdown
```

（3）在 R3 路由器上配置 IP 地址。

```
R3(config)#interface fastEthernet 1/0
R3(config-if)#ip address 192.168.255.1 255.255.255.0
R3(config-if)#no shutdown
R3(config)#interface loopback 0
```

```
R3(config-if)#ip address 192.168.1.1 255.255.255.0
R3(config-if)#exit
R3(config)#interface loopback 1
R3(config-if)#ip address 192.168.2.1 255.255.255.0
R3(config-if)#exit
```

2. 根据拓扑图配置路由协议

（1）在 R1 路由器上配置 OSPF 路由协议。

```
R1(config)#router ospf 100
R1(config-router)#router-id 1.1.1.1
R1(config-router)#network 172.16.1.0 0.0.0.255 area 0
R1(config-router)#network 172.16.1.0 0.0.0.255 area 0
R1(config-router)#network 172.16.255.0 0.0.0.3 area 0
```

（2）在 R2 路由器上配置 RIP 和 OSPF 路由协议。

```
R2(config)#router rip
R2(config-router)#version 2
R2(config-router)#network 192.168.255.0
R2(config-router)#exit
R2(config)#router ospf 100
R2(config-router)#router-id 2.2.2.2
R2(config-router)#network 172.16.255.0 0.0.0.3 area 0
```

（3）在 R3 路由器上配置 RIP 路由协议。

```
R3(config)#router rip
R3(config-router)#version 2
R3(config-router)#network 192.168.255.0
R3(config-router)#network 192.168.1.0
R3(config-router)#network 192.168.2.0
```

3. 在中间路由器（R2）上配置路由重分发

```
R2(config)#router ospf 100
R2(config-router)#redistribute rip metric 200 subnets
#将 RIP 网络的路由重发布到 OSPF 的网络中，指定其度量为 200，subnets 命令可以确保
RIP 网络中的无类子网路由能够正确地被发布
R2(config-router)#exit
R2(config)#router rip
R2(config-router)#redistribute ospf 100 metric 10
#将 OSPF 网络路由重发布到 RIP 中，并指定其度量跳数为 10
```

4. 验证配置

（1）查看 R1 的路由表。

```
R1#show ip route
```

```
   172.16.0.0/16 is variably subnetted, 3 subnets, 2 masks
C    172.16.255.0/30 is directly connected, fastEthernet 1/0
C    172.16.1.0/24 is directly connected, Loopback0
C    172.16.2.0/24 is directly connected, Loopback1
   192.168.255.0/30 is subnetted, 1 subnets
O E2    192.168.255.0 [110/200] via 172.16.255.2, 00:02:47, fastEthernet 1/0
O E2    192.168.1.0/24 [110/200] via 172.16.255.2, 00:02:53, fastEthernet 1/0
O E2    192.168.2.0/24 [110/200] via 172.16.255.2, 00:02:53, fastEthernet 1/0
```

R1 已经通过重发布的配置学习到了 RIP 网络的路由。

（2）查看 R3 的路由表。

```
R3#show ip route
R    172.16.0.0/16 [120/10] via    192.168.255.2, 00:00:24, fastEthernet 1/0
C    192.168.255.0/24 is directly connected, fastEthernet 1/0
C    192.168.1.0/24 is directly connected, Loopback0
C    192.168.2.0/24 is directly connected, Loopback1
```

因为 R2 处于主类的边界，所以此处学习到的是汇总路由。

（3）通过 R1 ping R3 的回环口 192.168.1.1。

```
R1#ping 192.168.1.1
Type escape sequence to abort.
Sending 5, 100-byte ICMP Echos to   192.168.1.1, timeout is 2 seconds:
!!!!!
Success rate is 100 percent (5/5), round-trip min/avg/max=112/137/144 ms
```

（4）通过 R3 ping R1 的回环口 172.16.1.1。

```
R3#ping 172.16.1.1
Type escape sequence to abort.
Sending 5, 100-byte ICMP Echos to    172.16.1.1, timeout is 2 seconds:
!!!!!
Success rate is 100 percent (5/5), round-trip min/avg/max=120/148/192 ms
```

以上两台路由器都能正常通信，实验成功。

写一写

写出在 RA 路由器上路由重分发的命令。

结论:

四、任务评价

评价项目	评价内容	参考分	评价标准	得分
拓扑图绘制	选择正确的连接线 选择正确的端口	20	选择正确的连接线，10 分 选择正确的端口，10 分	
IP 地址设置	正确配置路由器的回环地址 正确配置路由器端口地址	20	正确配置路由器的回环地址，10 分 正确配置路由器端口地址，10 分	
路由器命令配置	正确配置动态路由 正确配置路由重分发	30	配置路由器 RIP 路由，10 分 配置路由器 OSPF 路由，10 分 配置路由器路由重分发，10 分	
验证测试	会查看路由表 能分析路由表信息 会进行连通性测试	20	使用命令查看路由表，10 分 进行连通性测试，10 分	
职业素养	任务单填写齐全、整洁、无误	10	任务单填写齐全、工整，5 分 任务单填写无误，5 分	

五、相关知识

1. 路由重分发的原因

在大型企业中，可能在同一网内使用到多种路由协议，为了实现多种路由协议的协同工作，路由器可以使用路由重分发（Route Redistribution）将其学习到的一种路由协议的路由通过另一种路由协议广播出去，这样网络的所有部分都可以连通了。为了实现重分发，路由器必须同时运行多种路由协议，这样每种路由协议才可以取路由表中的所有或部分其他协议的路由进行广播。

2. 路由重分发的概念

路由重分发是指连接到不同路由选择域的边界路由器在不同自主系统之间交换和通告路由选择信息的能力。路由必须位于路由选择表中，才能被重分发。

3. 路由重分发需要考虑的问题

（1）路由选择环路。

（2）路由选择信息不兼容。

（3）汇聚时间不一致。

4. 路由重分发的方式

（1）双向重分发。在两个路由选择进程之间重分发所有路由。

（2）单向重分发。将一条默认路由传递给一种路由选择协议，同时只将通过该路由选择协议获悉的网络传递给其他路由选择协议。单向重分发最安全，但这将导致网络中的单点故障。

5. 配置路由重分发

（1）RIP。

```
Router（config）#router rip
Router（config-router）#Redistribute protocol [process-id][matchroute-type]
[metric metric-value][route-mapmap-tag]
```

-protocol：重分发路由的源协议。

-process-id：对于 BGP、EGP、EIGRP，为 AS 号；对于 OSPF，为进程号。

-router-type：将 OSPF 路由重分发到另一种路由选择协议中时使用的参数。

-metric-value：指定重分发路由条目的 RIP 度量值。

-map-tag：配置路由映射表的可选标识符，重分发时将查询它，以便过滤从源路由选择协议导入当前路由选择协议中的路由。

（2）OSPF。

```
Router（config）#router ospf 100
Router（config-router）#Redistribute protocol [process-id][metricmetric-value]
[matric-type type-value][route-mapmap-tag][subnets][tag tag-value]
```

-protocol：重分发路由的源协议。

-process-id：对于 BGP、EGP、EIGRP，为 AS 号；对于 OSPF，为进程号。

-type-value：一个 OSPF 参数，它指定通告到 OSPF 路由选择域的外部路由的外部链路类型（E1 或 E2）。

-metric-value：指定重分发路由条目的 OSPF 度量值。

-map-tag：配置路由映射表的可选标识符，重分发时将查询它，以便过滤从源路由选择协议导入当前路由选择协议中的路由。

-subnets：一个可选 OSPF 参数，用于指定应该同时重分发子网路由。如果没有指定关键字 subnets，那么只重分发主类网络路由。

-tag-value：一个可选的 32 位十进制值，附加到每条外部路由上。OSPF 协议本身不使用该参数，它用于在 AS 边界路由之间交换信息。

六、课后练习

1. 路由重分发可以实现的功能有（　　）。（多选题）

A. 共享路由信息　B. 交换路由信息　C. 自动学习路由　D. 修改路由

2. 下列关于重分发的类型正确是（　　）。（多选题）

A. 单点单向　B. 单点双向　C. 双点单向　D. 双点双向

3. 根据管理距离（AD），下列路由协议中默认 AD 值正确的有（　　）。（多选题）

A. 直连接口：0　　B. OSPF：110　　C. RIP：120　　D. IS-IS：115

项目小结

路由重分发的本质就是复制路由表，并且路由必须位于路由表中才能被重分发。路由重分发可能带来次优路径选择、环路等问题。不同路由协议由于算法不用，在重分发进不同协议时，所配置的 metric 值也不同，因此在设计路由重分发时，需要对路由结构有很清晰的了解，对各个路由协议也要十分了解。

项目实践

使用模拟器或者真实设备完成图 3-11 所示的拓扑图配置。

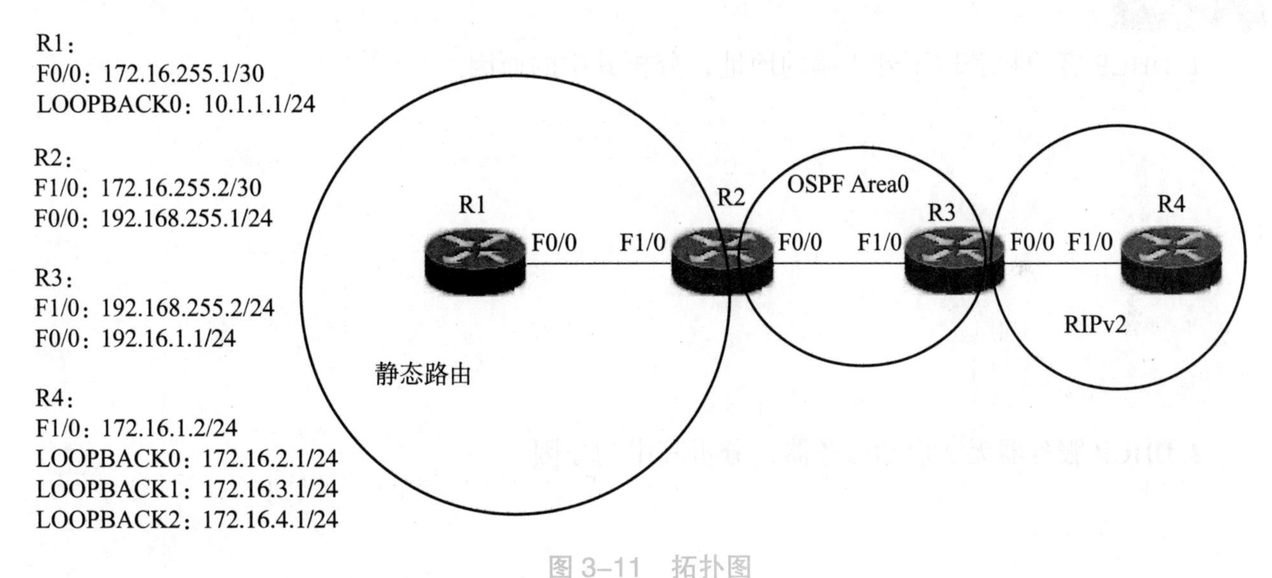

图 3-11　拓扑图

配置要求：

（1）按照拓扑图要求配置各路由接口地址、回环口地址。

（2）按照拓扑图要求配置路由协议和路由重分发，使其全网通。

（3）在 R3 上配置 OSPF 路由外部汇总缩减路由表。

项目三

DHCP 服务

工单任务1　配置交换机作为DHCP服务器

一、工作准备

想一想

1. DHCP 客户机获取不到正确的地址，分析其中的原因。

2. DHCP 服务器无法启动服务器，分析其中的原因。

二、任务描述

任务场景

将 SW2 设置为 DHCP 服务器为 VLAN 10 和 VLAN 20 的 PC 分配地址，分配地址范围为 VLAN 10:192.168.10.10~200，VLAN 20:192.168.20.10~200。网关为 VLAN 10:192.168.10.1，VLAN 20:192.168.20.1。DNS 都分配为 172.16.1.1。租期都为一个月（30 天）。如图 3–12 所示。

施工拓扑

施工拓扑图如图 3–12 所示。

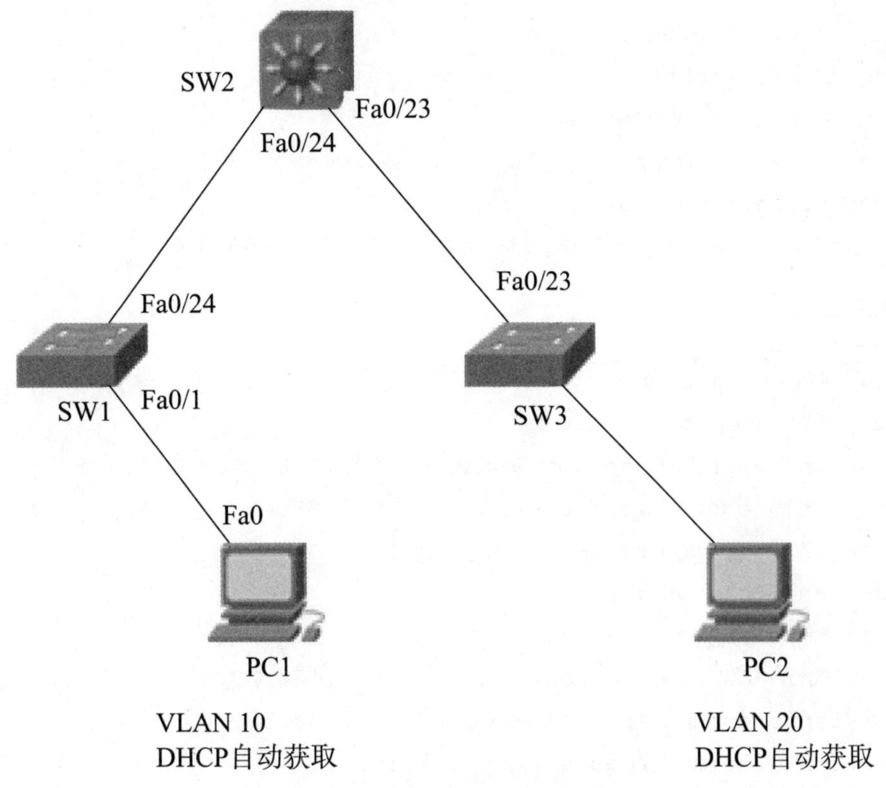

图 3–12 施工拓扑图

设备环境

本实验采用真实设备进行实验，使用的设备为神州数码二层交换机，型号为 S4600，数量为 2 台，三层交换机为 CS6200，计算机 2 台。

三、任务实施

1. SW1 交换机配置

```
SW1(config)#vlan 10
SW1(config)#vlan 20
SW1(config)#interface Ethernet 1/0/1
SW1(config-if)#switchport access vlan 10
SW1(config)#interface Ethernet 1/0/2
SW1(config-if)#switchport access vlan 20
SW1(config)#int Ethernet 1/0/24
SW1(config-if)#switchport mode trunk
```

2. SW2 交换机配置

```
SW2(config)#vlan 10
SW2(config)#vlan 20
SW2(config)#int Ethernet 1/0/24
SW2(config-if)#switchport mode trunk
SW2(config)#interface vlan 10
SW2(config-if)#ip address 192.168.10.1 255.255.255.0
SW2(config)#interface vlan 20
SW2(config-if)#ip address 192.168.20.1 255.255.255.0
```

3. DHCP 配置

```
SW2(config)#service dhcp
SW2(config)#ip dhcp pool vlan 10
SW2(dhcp-vlan10-config)#network-address 192.168.10.0 255.255.255.0
SW2(dhcp-vlan10-config)#default-router 192.168.10.1
SW2(dhcp-vlan10-config)#dns-server 172.16.1.1
SW2(dhcp-vlan10-config)#lease 30
SW2(config)#ip dhcp pool vlan 20
SW2(dhcp-vlan10-config)#network-address 192.168.20.0 255.255.255.0
SW2(dhcp-vlan10-config)#default-router 192.168.20.1
SW2(dhcp-vlan10-config)#dns-server 172.16.1.1
SW2(dhcp-vlan10-config)#lease 30
SW2(config)#ip dhcp excluded-address 192.168.10.1 192.168.10.9
SW2(config)#ip dhcp excluded-address 192.168.10.201 192.168.10.254
SW2(config)#ip dhcp excluded-address 192.168.20.1 192.168.20.9
SW2(config)#ip dhcp excluded-address 192.168.20.201 192.168.20.254
```

4. 验证配置

（1）查看 PC1 的地址（图 3–13）。

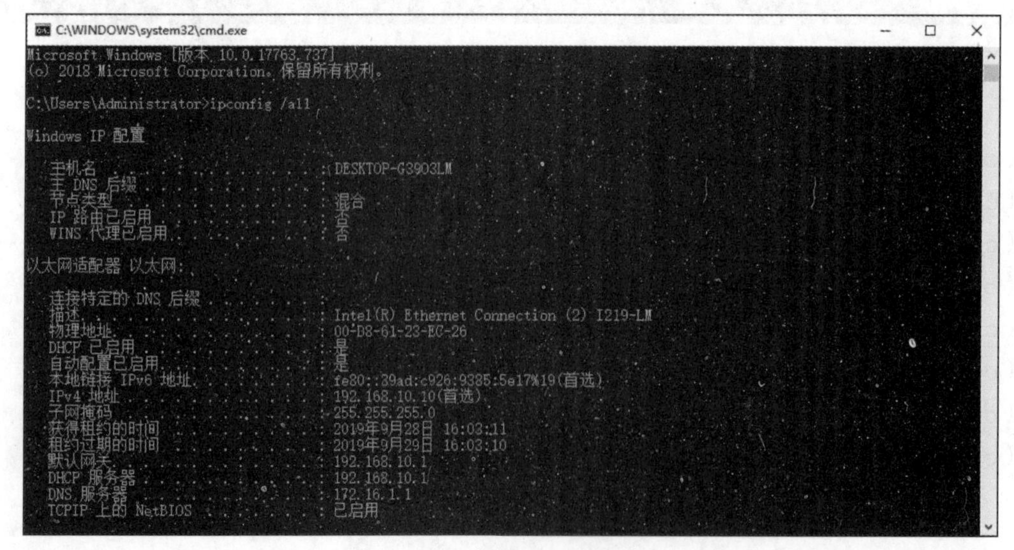

图 3–13　查看 PC1 的地址

（2）查看 PC2 的地址（图 3-14）。

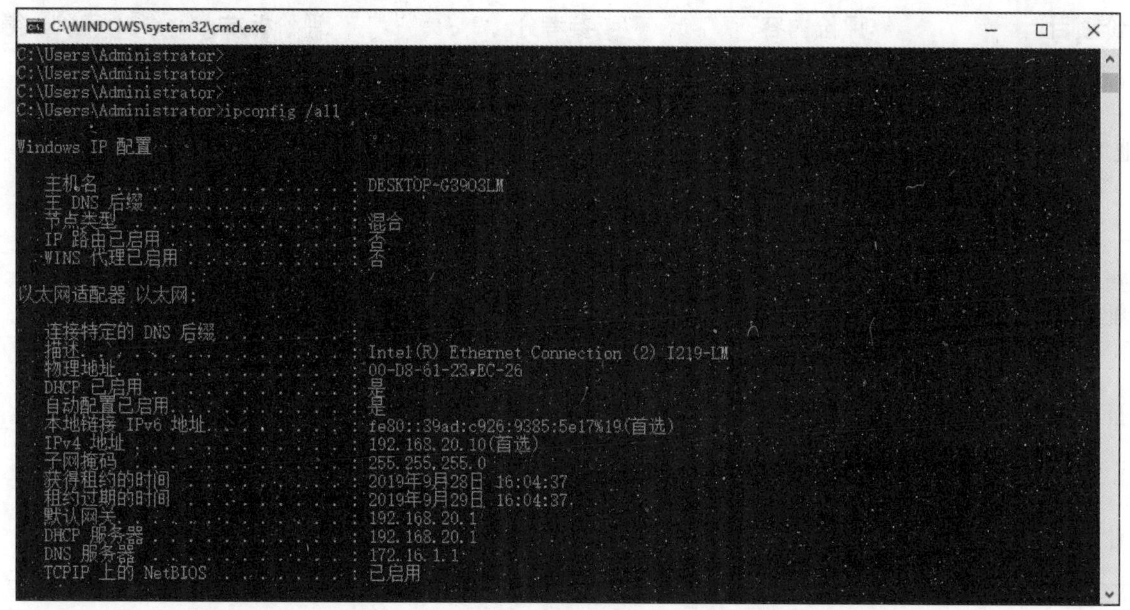

图 3-14　查看 PC2 的地址

如图 3-13 和图 3-14 所示，两台 PC 都可以取得正确的 IP 地址，实验成功。

写一写

写出在 PC1 和 PC2 上释放和获取 IP 地址的命令。

结论：

四、任务评价

评价项目	评价内容	参考分	评价标准	得分
拓扑图绘制	选择正确的连接线 选择正确的端口	20	选择正确的连接线，10 分 选择正确的端口，10 分	

续表

评价项目	评价内容	参考分	评价标准	得分
IP 地址设置	正确获取两台主机的 IP 和网关地址 正确配置交换机 VLAN 接口地址	20	正确获取两台主机的 IP 和网关地址，10 分 正确配置交换机 VLAN 接口地址，10 分	
设备命令配置	正确配置交换机设备名称 正确配置 DHCP 服务	20	正确配置交换机设备名称，10 分 正确配置 DHCP 服务，10 分	
验证测试	获取到正确的 IP 地址 获取到正确的网关地址 会进行连通性测试	30	获取到正确的 IP 地址，10 分 获取到正确的网关地址，10 分 进行连通性测试，10 分	
职业素养	任务单填写齐全、整洁、无误	10	任务单填写齐全、工整，5 分 任务单填写无误，5 分	

五、相关知识

1. DHCP 介绍

DHCP（Dynamic Host Configuration Protocol）是一种动态的向 Internet 终端提供配置参数的协议。在终端提出申请之后，DHCP 可以向终端提供 IP 地址、网关、DNS 服务器地址等参数。

2. DHCP 的必要性

在大型网络中，确保所有主机都拥有正确的配置是一件相当困难的管理任务，尤其对于含有漫游用户和笔记本电脑的动态网络更是如此。经常有计算机从一个子网移到另一个子网及从网络中移出。手动配置或重新配置数量巨大的计算机可能要花很长时间，而 IP 主机配置过程中的错误可能导致该主机无法与网络中的其他主机通信。

3. DHCP 报文

（1）DHCPDISCOVER。客户机广播发现可用的 DHCP 服务器。

（2）DHCPOFFER。服务器响应客户机的 DHCPDISCOVER 报文，并向客户机提供各种配置参数。

（3）DHCPREQUEST。①客户机向服务器申请地址及其他配置参数。

②客户机重新启动后，确认原来的地址及其他配置参数的正确性。

③客户机向服务器申请延长地址及其他配置参数的使用期限。

（4）DHCPACK。服务器向客户机发送所需分配的地址及其他配置参数。

4. DHCP 流程

①客户机在本网段内广播 DHCPDISCOVER 报文，用于发现网络中的 DHCP 服务器。DHCPRelay 可将此报文广播到其他的网段。

②服务器向客户机回应请求，并给出一个可用的 IP 地址。此地址并非真的被分配。但在给出此地址之前，应当用 ICMP ECHO REQUEST 报文进行检查。

③如果收到多个 DHCPOFFER 报文，DHCP 客户机会根据报文的内容从其中选择一个进行响应。如果客户机之前曾经获得过一个 IP 地址，它会将此地址写在 DHCPREQUEST 报文的 OPTIONS 域的“REQUESTD IP ADDRESS”中发给服务器。

④当收到 DHCPREQUEST 报文后，服务器将客户机的网络的（网络地址，硬件地址）同分配的 IP 地址绑定，再将 IP 地址发送给客户机。

⑤当收到 DHCPREQUEST 报文后，若发现其申请的地址无法被分配，则用 DHCPNACK 报文回应。

⑥客户机收到 DHCPACK 报文后，再对所有的参数进行一次最后检查，若发现有地址冲突存在，则使用 DHCPDECLINE 报文回复服务器。

⑦若客户机放弃现在使用的 IP 地址，则它使用 DHCPRELEASE 报文通知服务器，服务器将此地址回收，以备下次使用。

⑧当客户机的地址到达 50% 租用期（T_1）时，客户机进入 RENEW 状态，使用 DHCPREQUEST 报文续约。

⑨当客户机的地址到达 87.5% 租用期（T_2）时，客户机进入 REBINDING 状态，使用 DHCPREQUEST 报文续约。

5. DHCP 配置

（1）开启交换机的 DHCP 服务。

```
Switch(config)#service dhcp
```

（2）配置 DHCP 服务的地址池。

```
Switch(config)#ip dhcp pool [dhcp-pool-name]
```

（3）配置分配的网段地址。

```
Switch(dhcp-[pool-name]-config)#network-address [network-address][network-masks]
```

（4）配置分配的网关地址。

```
Switch(dhcp-[pool-name]-config)#default-router [ip-address]
```

（5）配置分配的 DNS 地址。

```
Switch(dhcp-[pool-name]-config)#dns-server [ip-address]
```

（6）配置租期单位为天。

```
Switch（dhcp-［pool-name］-config）#lease［days］
```

（7）排除不分配的地址。

```
Switch（config）#ip dhcp excluded-address［low-ip-address］［high-ip-address］
```

六、课后练习

1. 如果客户机同时得到多台 DHCP 服务器的 IP 地址，它将（　　）。

A. 随机选择　　B. 选择最先得到的

C. 选择网络号较小的　　D. 选择网络号较大的

2. 某部门有越来越多的用户抱怨 DHCP 服务器自动分配的 IP 地址。因此，希望使用 Networking Monitor 来监视使用 DHCP 的客户和该 DHCP 服务器之间的通信。感兴趣的数据包是 DHCP 客户的请求和服务器的拒绝信号。为了寻找排除故障的办法，应该监视的 DHCP 消息是（　　）。

A. DHCPDISCOVER 和 DHCPREQUEST

B. DHCPREQUEST 和 DHCPNACK

C. DHCPACK 和 DHCPNACK

D. DHCPREQUEST 和 DHCPOFFER

3. 如果提议引入 DHCP 服务器，以自动分配 IP 地址，那么（　　）网络 ID 将是最好的选择。

A. 24.×.×.×　　B. 172.16.×.×　　C. 194.150.×.×　　D. 206.100.×.×

工单任务2　配置交换机作为DHCP中继代理

一、工作准备

想一想

DHCP 中继代理的作用是什么？

填一填

1. 建立一个 DHCP 服务器，IP 地址一定是__________态。

2. DHCP 建立多播作用域是__________类地址。

二、任务描述

任务场景

PC3 安装了 CentOS 系统，将其作为 DHCP 服务器为 VLAN 10 和 VLAN 20 分配地址。由于 DHCP 服务器和 PC1、PC2 不在一个网段，在 SW2 上配置 DHCP 中继代理，使 PC1 和 PC2 能获取地址，如图 3-15 所示。

施工拓扑

施工拓扑图如图 3-15 所示。

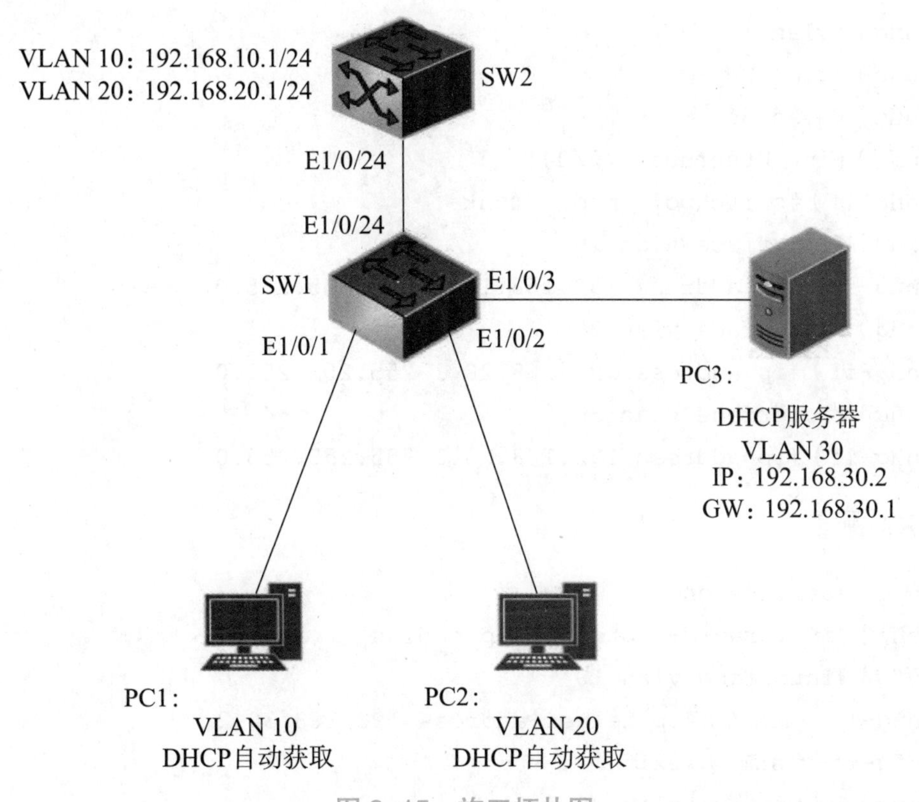

图 3-15　施工拓扑图

设备环境

本实验采用真实设备进行实验，使用的设备为神州数码二层交换机，型号为 S4600，数量为 1 台，三层交换机为 CS6200，计算机 2 台，服务器 1 台。

三、任务实施

1. SW1 交换机配置

```
SW1(config)#vlan 10
SW1(config)#vlan 20
SW1(config)#vlan 30
SW1(config)#interface Ethernet 1/0/1
SW1(config-if)#switchport access vlan 10
SW1(config)#interface Ethernet 1/0/2
SW1(config-if)#switchport access vlan 20
SW1(config)#interface Ethernet 1/0/3
SW1(config-if)#switchport access vlan 30
SW1(config)#int Ethernet 1/0/24
SW1(config-if)#switchport mode trunk
```

2. SW2 交换机配置

```
SW2(config)#vlan 10
SW2(config)#vlan 20
SW2(config)#vlan 30
SW2(config)#int Ethernet 1/0/24
SW2(config-if)#switchport mode trunk
SW2(config)#interface vlan 10
SW2(config-if)#ip address 192.168.10.1 255.255.255.0
SW2(config)#interface vlan 20
SW2(config-if)#ip address 192.168.20.1 255.255.255.0
SW2(config)#interface vlan 30
SW2(config-if)#ip address 192.168.30.1 255.255.255.0
```

3. DHCP 中继配置

```
SW1(config)#service dhcp
SW1(config)#ip forward-protocol udp bootps
SW1(config)#interface vlan 10
SW1(config-if-vlan10)#ip helper-address 192.168.30.2
SW1(config-if-vlan10)#exit
SW1(config)#interface vlan 20
SW1(config-if-vlan10)#ip helper-address 192.168.30.2
SW1(config-if-vlan10)#exit
```

4. 验证

（1）查看 PC1 的地址（图 3–16）。

```
C:\WINDOWS\system32\cmd.exe
Microsoft Windows [版本 10.0.17763.737]
(c) 2018 Microsoft Corporation。保留所有权利。

C:\Users\Administrator>ipconfig /all

Windows IP 配置

   主机名  . . . . . . . . . . . . . : DESKTOP-G3903LM
   主 DNS 后缀 . . . . . . . . . . . :
   节点类型  . . . . . . . . . . . . : 混合
   IP 路由已启用 . . . . . . . . . . : 否
   WINS 代理已启用 . . . . . . . . . : 否

以太网适配器 以太网:

   连接特定的 DNS 后缀 . . . . . . . :
   描述. . . . . . . . . . . . . . . : Intel(R) Ethernet Connection (2) I219-LM
   物理地址. . . . . . . . . . . . . : 00-D8-61-23-BC-26
   DHCP 已启用 . . . . . . . . . . . : 是
   自动配置已启用. . . . . . . . . . : 是
   本地链接 IPv6 地址. . . . . . . . : fe80::39ad:c926:9385:5e17%19(首选)
   IPv4 地址 . . . . . . . . . . . . : 192.168.10.10(首选)
   子网掩码  . . . . . . . . . . . . : 255.255.255.0
   获得租约的时间  . . . . . . . . . : 2019年9月28日 16:03:11
   租约过期的时间  . . . . . . . . . : 2019年9月29日 16:03:10
   默认网关. . . . . . . . . . . . . : 192.168.10.1
   DHCP 服务器 . . . . . . . . . . . : 192.168.10.1
   DNS 服务器  . . . . . . . . . . . : 172.16.1.1
   TCPIP 上的 NetBIOS  . . . . . . . : 已启用
```

图 3–16　PC1 的 IP 地址

（2）查看 PC2 的地址（图 3–17）。

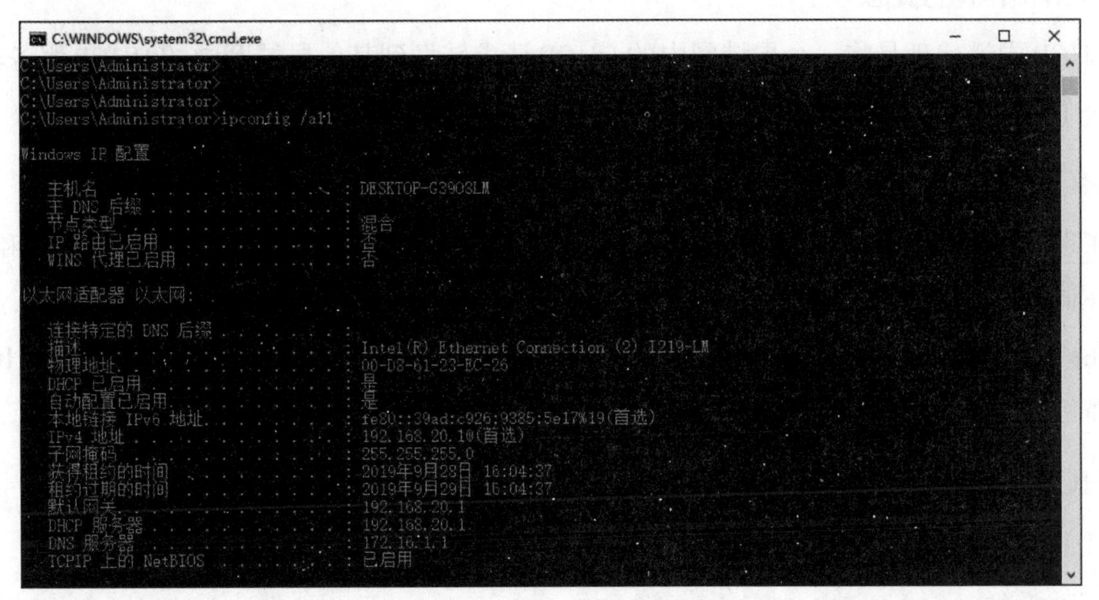

```
C:\WINDOWS\system32\cmd.exe
C:\Users\Administrator>
C:\Users\Administrator>
C:\Users\Administrator>
C:\Users\Administrator>ipconfig /all

Windows IP 配置

   主机名  . . . . . . . . . . . . . : DESKTOP-G3903LM
   主 DNS 后缀 . . . . . . . . . . . :
   节点类型  . . . . . . . . . . . . : 混合
   IP 路由已启用 . . . . . . . . . . : 否
   WINS 代理已启用 . . . . . . . . . : 否

以太网适配器 以太网:

   连接特定的 DNS 后缀 . . . . . . . :
   描述. . . . . . . . . . . . . . . : Intel(R) Ethernet Connection (2) I219-LM
   物理地址. . . . . . . . . . . . . : 00-D8-61-23-BC-26
   DHCP 已启用 . . . . . . . . . . . : 是
   自动配置已启用. . . . . . . . . . : 是
   本地链接 IPv6 地址. . . . . . . . : fe80::39ad:c926:9385:5e17%19(首选)
   IPv4 地址 . . . . . . . . . . . . : 192.168.20.10(首选)
   子网掩码  . . . . . . . . . . . . : 255.255.255.0
   获得租约的时间  . . . . . . . . . : 2019年9月28日 16:04:37
   租约过期的时间  . . . . . . . . . : 2019年9月29日 16:04:37
   默认网关. . . . . . . . . . . . . : 192.168.20.1
   DHCP 服务器 . . . . . . . . . . . : 192.168.20.1
   DNS 服务器  . . . . . . . . . . . : 172.16.1.1
   TCPIP 上的 NetBIOS  . . . . . . . : 已启用
```

图 3–17　PC2 的 IP 地址

如图 3–16 和图 3–17 所示，两台 PC 均可以获得正确的 IP 地址，实验成功。

四、任务评价

评价项目	评价内容	参考分	评价标准	得分
拓扑图绘制	选择正确的连接线 选择正确的端口	20	选择正确的连接线，10 分 选择正确的端口，10 分	

续表

评价项目	评价内容	参考分	评价标准	得分
IP 地址设置	正确获取两台主机的 IP 和网关地址 正确配置交换机 VLAN 接口地址	20	正确获取两台主机的 IP 和网关地址，10 分 正确配置交换机 VLAN 接口地址，10 分	
设备命令配置	正确配置交换机设备名称 正确配置 DHCP 中继	20	正确配置交换机设备名称，10 分 正确配置 DHCP 中继，10 分	
验证测试	获取到正确的 IP 地址 获取到正确的网关地址 会进行连通性测试	30	获取到正确的 IP 地址，10 分 获取到正确的网关地址，10 分 进行连通性测试，10 分	
职业素养	任务单填写齐全、整洁、无误	10	任务单填写齐全、工整，5 分 任务单填写无误，5 分	

五、相关知识

1. DHCP 中继的概念

DHCP 中继代理是将一个局域网内的 DHCP 请求转发到其他局域网内的 DHCP 服务器上，实现一个 DHCP 服务器向多个局域网分配不同网段的 IP。

2. DHCP 中继的应用

在现实中，稍复杂一些的网络，服务器经常集中存放在服务器区，DHCP 服务器和客户端不在同一个网段，DHCP 的广播包被三层设备阻止，会导致 DHCP 获取地址失败。此时，可以在离客户端最近的三层设备接口上配置 DHCP 中继，让其进行辅助寻址，进行 DHCP 请求广播包的转发。

3. DHCP 中继配置

（1）开启交换机 DHCP 功能。

```
Switch（config）#service dhcp
```

（2）开启 UDP 转发功能。

```
Switch（config）#ip forward-protocol udp bootps
```

（3）配置 DHCP 中继，地址指向 DHCP 服务器。

```
Switch（config）#interface vlan 10
Switch（config-if-vlan10）#ip helper-address［dhcp-server-ip-address］
```

六、课后练习

1. 某部门的网络使用 DHCP 为其客户机自动分配 IP 地址。由于公司的高速发展而新增了大量的台式机，因此考虑创建一个新的网段。有一台非 RFC 1542 兼容的专用路由器将该网段接入。已知必须为新网段创建一个独立的作用域。那么，为了确保新网段上的客户能够自动取得 IP 地址并且不再增加网段费用，下列方式中，(　　) 是必需的。

A. 在新网段上安装一台 DHCP 服务器

B. 用一台 RFC 1542 兼容的路由器取代现有路由器

C. 在新网段中安装 DHCP 中继代理

D. 在 Active Directory 中授权新的网段

2. 你的网络没有直接连在互联网上，使用私有 IP 网段 192.168.0.0。当通过拨号连接服务器时，连接成功建立，但是无法访问任何资源。当 ping 服务器时，得到错误信息“Request time out”；当运行 ipconfig 命令时，看到得到的 IP 地址为 169.254.75.182。则应该 (　　)。

A. 使用 DHCP 为服务器配置 IP 地址

B. 授权服务器接收 DHCP 多播地址

C. 配置服务器作为 DHCP Relay Agent

D. 保证服务器能够连接到含有 DHCP 服务器的子网

3. 当 DHCP 服务器不在本网段时，(　　)。

A. DHCP 中继代理　　　　B. WINS 代理

C. 无法解决　　　　D. 去掉路由器

项目小结

本项目主要介绍了 DHCP 服务，在实际的网络环境中，现在已经很少使用 Windows 或者 Linux 服务器来配置 DHCP 服务了，更多的是使用交换机来作为 DHCP 服务器。DHCP 在当今网络环境中已经变得十分重要。DHCP 中继代理解决了 DHCP 服务器跨网段的问题。

项目实践

使用模拟器或者真实设备完成图 3–18 所示的拓扑配置。

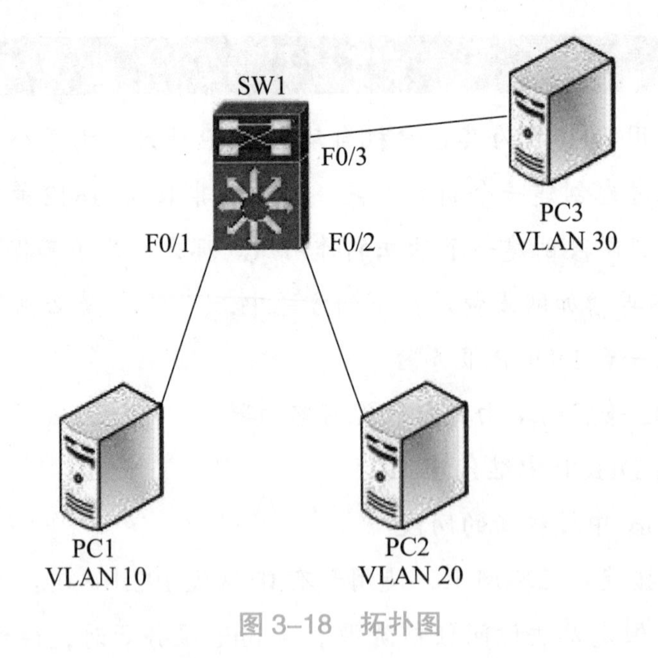

图 3–18　拓扑图

配置要求：

（1）PC1 连接在 VLAN 10 中，PC2 连接在 VLAN 20 中，PC3 连接在 VLAN 30 中。在 SW1 上开启 DHCP 服务，能同时为 VLAN 10 与 VLAN 20、VLAN 30 中的 PC 分配正确的 IP 地址信息。

（2）各 VLAN 分配地址信息如下。

①网段分配如表 3–3 所示。

表 3–3　网段分配

VLAN 10	192.168.10.0	255.255.255.0
VLAN 20	192.168.20.0	255.255.255.0
VLAN 30	192.168.30.0	255.255.255.0

②网关分配如表 3–4 所示。

表 3–4　网关分配

VLAN 10	192.168.10.0	255.255.255.0
VLAN 20	192.168.20.0	255.255.255.0
VLAN 30	192.168.30.0	255.255.255.0

③分配的 DNS 地址都为 172.16.1.1，租期为 10 天。

（3）配置完成后，使用各 PC 测试地址获取情况，验证正确性。

项目四
网络地址转换

工单任务1　静态网络地址转换

一、工作准备

想一想

1. NAT（网络地址转换）的功能是什么？

2. 三类内网私有地址的范围分别是什么？

二、任务描述

任务场景

局域网内 192.168.10.2 计算机现在需要访问外网。使用公网地址为 100.100.100.3。现需要配置 NAT 完成内网地址转换，如图 3-19 所示。

施工拓扑

施工拓扑图如图 3-19 所示。

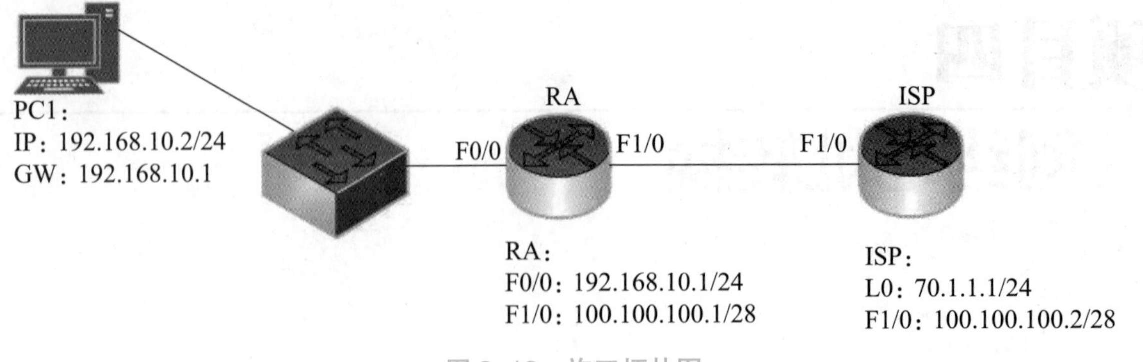

图 3–19 施工拓扑图

设备环境

本实验采用 Packet Tracer 进行实验，使用的路由器型号为 Router–PT，数量为 2 台，二层交换机型号为 2950T–24，数量为 1 台，计算机 1 台。

三、任务实施

1. 路由器各端口配置

（1）在 RA 路由器上配置 IP 地址。

```
RA(config)#interface fastEthernet 0/0
RA(config-if)#ip address 192.168.10.1 255.255.255.0
RA(config-if)#no shutdown
RA(config)#interface fastEthernet 1/0
RA(config-if)#ip address 100.100.100.1 255.255.255.240
RA(config-if)#exit
```

（2）在 ISP 路由器上配置 IP 地址。

```
ISP(config)#interface loopback 0
ISP(config-if)#ip address 70.1.1.1 255.255.255.0
ISP(config-if)#exit
ISP(config)#interface fastEthernet 1/0
ISP(config-if)#ip address 100.100.100.1 255.255.255.240
ISP(config-if)#no shutdown
```

2. 在 RA 上配置默认路由

```
RA(config)#ip route 0.0.0.0 0.0.0.0 100.100.100.2
```

3. 在 RA 上配置 NAT

```
RA(config)#ip nat inside source static 192.168.10.2 100.100.100.3
```

4. 在 RA 上指定内部接口和外部接口

```
RA(config)#interface fastEthernet 0/0
RA(config-if)#ip nat inside
RA(config-if)#exit
RA(config)#interface fastEthernet 1/0
RA(config-if)#ip nat outside
```

5. 验证测试

在 PC1 上 ping ISP 路由器的回环口，并在 RA 路由器上查看 NAT 转换条目。

```
RA#show ip nat translations
Pro     Inside global        Inside local        Outside local    Outside global
icmp   100.100.100.3:512   192.168.10.2:512    70.1.1.1          70.1.1.1
```

写一写

在本实验转换的内部本地地址和本地全局地址分别是什么?

结论:

四、任务评价

评价项目	评价内容	参考分	评价标准	得分
拓扑图绘制	选择正确的连接线 选择正确的端口	20	选择正确的连接线，10 分 选择正确的端口，10 分	
IP 地址设置	正确配置路由器各接口 IP 地址	20	正确配置路由器各接口 IP 地址，20 分	
设备命令配置	正确配置各设备名称 正确配置静态 NAT 转换	20	正确配置各设备名称，10 分 正确配置静态 NAT 转换，10 分	

续表

评价项目	评价内容	参考分	评价标准	得分
验证测试	正确配置 NAT 转换条目 会进行连通性测试	30	正确配置 NAT 转换条目，15 分 在设备中进行连通性测试，15 分	
职业素养	任务单填写齐全、整洁、无误	10	任务单填写齐全、工整，5 分 任务单填写无误，5 分	

五、相关知识

1. NAT 概述

通常一个局域网由于申请不到足够多的 IP 地址，或者只是为了编址方便，在局域网内部采用私有 IP 地址为设备编址，当设备访问外网时，再通过 NAT 将私有地址翻译为合法地址。

2. 局域网专用 IP 地址

局域网专用 IP 地址如表 3–5 所示。

表 3–5　局域网专用 IP 地址

IP 地址范围	网络类型	网络个数
10.0.0.0~10.255.255.255	A	1
172.16.0.0~172.31.255.255	B	16
192.168.0.0~192.168.255.255	C	256

使用私有地址的注意事项：私有地址不需要经过注册就可以使用，这导致这些地址是不唯一的。所以私有地址只能限制在局域网内部使用，不能把它们路由到外网中去。

3. NAT 基本原理

（1）当一个使用私有地址的数据包到达 NAT 设备时，NAT 设备负责把私有 IP 地址翻译成外部合法 IP 地址，然后再转发数据包，反之亦然。

（2）端口多路复用技术：NAT 支持把多个私有 IP 地址映射为一个合法 IP 地址的技术，这时各个主机通过端口进行区分，这就是端口多路复用技术。

（3）利用端口多路复用技术可以节省合法 IP 地址的使用量，但会加大 NAT 设备的负担，影响其转发速度。

4. 静态 NAT

将内部地址和外部地址进行一对一的转换。这种方法要求申请到的合法 IP 地址足够多，可以与内部 IP 地址一一对应。静态 NAT 一般用于那些需要固定的合法 IP 地址的主机，如

Web 服务器、FTP 服务器、E-mail 服务器等。

5. 静态 NAT 配置

（1）静态 NAT。

```
Router(config)#ip nat inside source static[inside-ip-address][global-ip-address]
```

（2）在接口启用 NAT。

```
Router(config)#interface fastEthernet 0/0
Router(config-if)#ip nat inside                #内网接口地址
Router(config-if)#interface fastEthernet 1/0
Router(config-if)#ip nat outside               #外网接口地址
```

六、课后练习

1. NAT 是指（　　）。

A. 网络地址传输　B. 网络地址转换　C. 网络地址跟踪

2.（　　）技术可以把内部网络中的某些私有的地址隐藏起来。

A. NAT　B. CIDR　C. BGP　D. OSPF

3. 网络地址转换（NAT）的 3 种类型是（　　）。

A. 静态 NAT、动态 NAT 和混合 NAT

B. 静态 NAT、网络地址端口转换 NAPT 和混合 NAT

C. 静态 NAT、动态 NAT 和网络地址端口转换 NAPT

D. 动态 NAT、网络地址端口转换 NAPT 和混合 NAT

工单任务2　动态网络地址转换

一、工作准备

想一想

NAT 地址转换有效地解决了因特网的哪些问题？

填一填

网络地址转换是用于将一个地址域________映射到另一个地址域________的标准方法。

二、任务描述

任务场景

SW1为三层交换机，其中内网PC1属于VLAN 10，PC2属于VLAN 20，ISP提供商提供的公网地址为100.100.100.5~100.100.100.10/24，需要内网的PC1和PC2使用这段地址访问外网，如图3–20所示。

施工拓扑

施工拓扑图如图3–20所示。

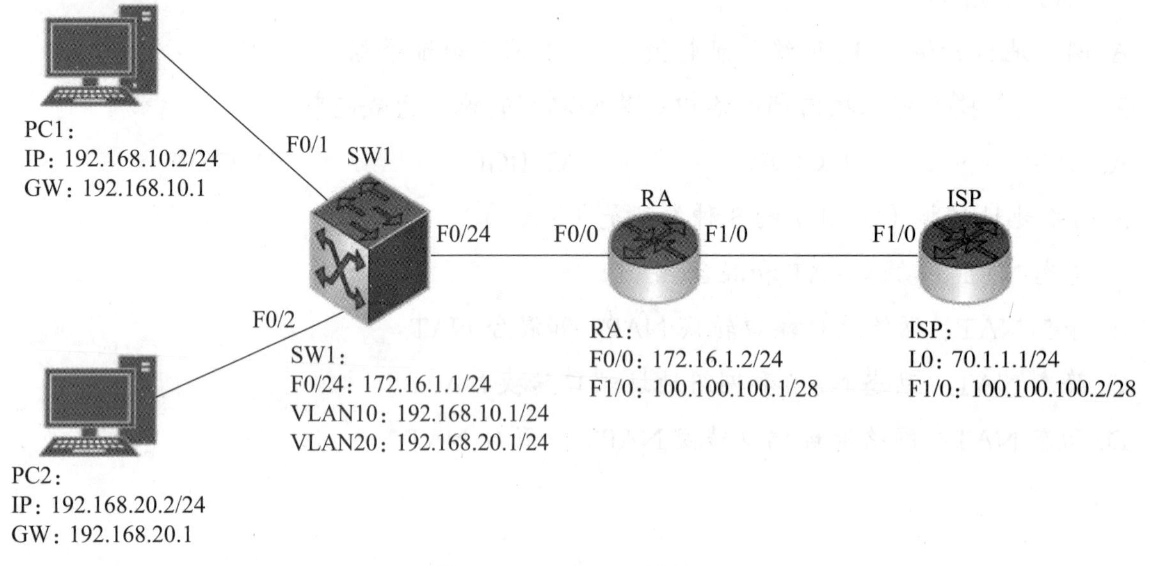

图3–20　施工拓扑图

设备环境

本实验采用Packet Tracer进行实验，使用的路由器型号为Router–PT，数量为2台，三层交换机型号为S3560，数量为1台，计算机2台。

三、任务实施

1. 路由器、交换机各端口配置

（1）在RA路由器上配置IP地址。

```
RA(config)#interface fastEthernet 0/0
RA(config-if)#ip address 172.16.1.2 255.255.255.0
```

```
RA(config-if)#no shutdown
RA(config)#interface fastEthernet 1/0
RA(config-if)#ip address 100.100.100.1 255.255.255.240
RA(config-if)#exit
```

（2）在 ISP 路由器上配置 IP 地址。

```
ISP(config)#interface loopback 0
ISP(config-if)#ip address 70.1.1.1 255.255.255.0
ISP(config-if)#exit
ISP(config)#interface fastEthernet 1/0
ISP(config-if)#ip address 100.100.100.2 255.255.255.240
ISP(config-if)#no shutdown
```

（3）在 SW1 上配置各接口地址。

```
SW1(config)#vlan 10
SW1(config)#vlan 20
SW1(config)#int fastEthernet 0/24
SW1(config-if)#no switchport
SW1(config-if)#ip address 172.16.1.1 255.255.255.0
SW1(config-if)#exit
SW1(config)#interface vlan 10
SW1(config-if)#ip address 192.168.10.1 255.255.255.0
SW1(config)#interface vlan 20
SW1(config-if)#ip address 192.168.20.1 255.255.255.0
```

2. 在设备上配置路由

（1）在 RA 上配置路由。

```
RA(config)#ip route 192.168.10.0 255.255.255.0 172.16.1.1
RA(config)#ip route 192.168.20.0 255.255.255.0 172.16.1.1
RA(config)#ip route 0.0.0.0 0.0.0.0 100.100.100.2
```

（2）在 SW1 上配置路由。

```
SW1(config)#ip route 0.0.0.0 0.0.0.0 172.16.1.2
```

3. 在 RA 上定义控制访问列表配置允许外网的列表

```
RA(config)#access-list 30 permit 192.168.10.0 0.0.0.255
RA(config)#access-list 30 permit 192.168.20.0 0.0.0.255
```

4. 配置动态 NAT

```
RA(config)#ip nat pool ip pool 100.100.100.5 100.100.100.10 netmask
255.255.255.240
RA(config)#ip nat inside source list 30 pool ip pool
```

5. 在 RA 上指定内部接口和外部接口

```
RA(config)#interface fastEthernet 0/0
RA(config-if)#ip nat inside
RA(config-if)#exit
RA(config)#interface fastEthernet 1/0
RA(config-if)#ip nat outside
```

6. 验证测试

（1）在 PC1 上 ping ISP 路由器的回环口，并在 RA 路由器上查看 NAT 转换条目。

```
RA#show ip nat translations
Pro    Inside global        Inside local        Outside local    Outside global
icmp   100.100.100.5:512    192.168.10.2:512     70.1.1.1          70.1.1.1
```

（2）在 PC2 上 ping ISP 路由器的回环口，并在 RA 路由器上查看 NAT 转换条目。

```
RA#show ip nat translations
Pro    Inside global        Inside local        Outside local    Outside global
icmp   100.100.100.6:512    192.168.20.2:512     70.1.1.1          70.1.1.1
```

四、任务评价

评价项目	评价内容	参考分	评价标准	得分
拓扑图绘制	选择正确的连接线 选择正确的端口	20	选择正确的连接线，10 分 选择正确的端口，10 分	
IP 地址设置	正确配置路由器各接口 IP 地址	20	正确配置路由器各接口 IP 地址，20 分	
设备命令配置	正确配置各设备名称 正确配置动态 NAT 转换	20	正确配置各设备名称，10 分 正确配置动态 NAT 转换，10 分	
验证测试	正确配置 NAT 转换条目 会进行连通性测试	30	正确配置 NAT 转换条目，15 分 在设备中进行连通性测试，15 分	
职业素养	任务单填写齐全、整洁、无误	10	任务单填写齐全、工整，5 分 任务单填写无误，5 分	

五、相关知识

1. NAT 池（动态 NAT）

将多个合法 IP 地址统一地组织起来，构成一个 IP 地址池，当有主机需要访问外网时，就分配一个合法 IP 地址与内部地址进行转换，当主机用完后，就归还该地址。对于 NAT 池，如果同时联网用户太多，可能出现地址耗尽的问题。

2. NAT 池（动态 NAT）的配置

（1）建立 IP 地址池。

```
Router(config)#ip nat pool[pool-name][start-IP-address][end-IP-address]
netmask[net-mask]
```

（2）配置 NAT 转换条目。

```
Router(config)#ip nat inside source list[acl-number]pool[pool-name]
```

说明：地址池中的地址应该是经过注册的合法 IP 地址。

六、课后练习

1. 对于动态网络地址转换（NAT），不正确的说法是（　　）。

A. 将很多内部地址映射到单个真实地址

B. 外部网络地址和内部地址一对一地映射

C. 最多可有 64 000 个同时的动态 NAT 连接

D. 每个连接使用一个端口

2. 下列关于地址池的描述，说法正确的是（　　）。

A. 只能定义一个地址池

B. 地址池中的地址必须是连续的

C. 当某个地址池已和某个访问控制列表关联时，允许删除这个地址池

D. 以上说法都正确

3. 下列地址表示私有地址的是（　　）。

A. 202.118.56.21　　B. 1.2.3.4　　C. 10.0.1.2　　D. 172.36.10.1

工单任务3　基于端口的网络地址转换（一对多）

一、工作准备

想一想

1. 如果企业内部需要接入 Internet 的用户一共有 400 个，但该企业只申请到一个 C 类的合法 IP 地址，那么应该使用哪种 NAT 实现？

2. 网络地址和端口翻译（NAPT）把内部的所有地址映射到一个外部地址，这样做的好处是什么？

二、任务描述

任务场景

SW1 为三层交换机，其中内网 PC1 属于 VLAN 10，PC2 属于 VLAN 20，ISP 提供商提供的公网地址为 RA 的接口地址（100.100.100.1/28），需要内网的 PC1 和 PC2 使用这段地址访问外网，如图 3–21 所示。

施工拓扑

施工拓扑图如图 3–21 所示。

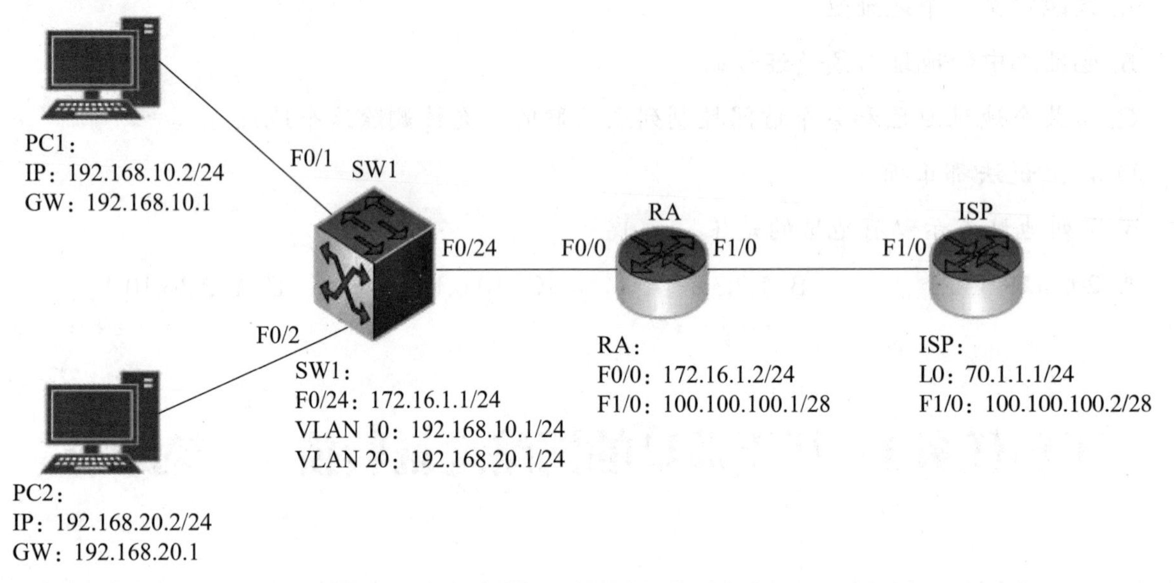

图 3–21　施工拓扑图

设备环境

本实验采用 Packet Tracer 进行实验，使用的路由器型号为 Router–PT，数量为 2 台；三层交换机型号为 S3560，数量为 1 台；计算机 2 台。

三、任务实施

1. 路由器、交换机各端口配置

（1）在 RA 路由器上配置 IP 地址。

```
RA(config)#interface fastEthernet 0/0
RA(config-if)#ip address 172.16.1.2 255.255.255.0
RA(config-if)#no shutdown
RA(config)#interface fastEthernet 1/0
RA(config-if)#ip address 100.100.100.1 255.255.255.240
RA(config-if)#exit
```

（2）在 ISP 路由器上配置 IP 地址。

```
ISP(config)#interface loopback 0
ISP(config-if)#ip address 70.1.1.1 255.255.255.0
ISP(config-if)#exit
ISP(config)#interface fastEthernet 1/0
ISP(config-if)#ip address 100.100.100.1 255.255.255.240
ISP(config-if)#no shutdown
```

（3）在 SW1 上配置各接口地址。

```
SW1(config)#vlan 10
SW1(config)#vlan 20
SW1(config)#int fastEthernet 0/24
SW1(config-if)#no switchport
SW1(config-if)#ip address 172.16.1.1 255.255.255.0
SW1(config-if)#exit
SW1(config)#interface vlan 10
SW1(config-if)#ip address 192.168.10.1 255.255.255.0
SW1(config)#interface vlan 20
SW1(config-if)#ip address 192.168.20.1 255.255.255.0
```

2. 在设备上配置路由

（1）在 RA 上配置路由。

```
RA(config)#ip route 192.168.10.0 255.255.255.0 172.16.1.1
RA(config)#ip route 192.168.20.0 255.255.255.0 172.16.1.1
RA(config)#ip route 0.0.0.0 0.0.0.0 100.100.100.2
```

（2）在 SW1 上配置路由。

```
SW1(config)#ip route 0.0.0.0 0.0.0.0 172.16.1.2
```

3. 在 RA 上定义控制访问列表配置允许外网的列表

```
RA(config)#access-list 20 permit any
```

4. 配置动态 NAT

```
RA(config)#ip nat inside source list 20 interface fastEthernet 1/0 overload
```

5. 在 RA 上指定内部接口和外部接口

```
RA(config)#interface fastEthernet 0/0
RA(config-if)#ip nat inside
RA(config-if)#exit
RA(config)#interface fastEthernet 1/0
RA(config-if)#ip nat outside
```

6. 验证测试

(1)在 PC1 上 ping ISP 路由器的回环口并在 RA 路由器上查看 NAT 转换条目。

```
RA#show ip nat translations
Pro      Inside global         Inside local       Outside local    Outside global
icmp   100.100.100.1:612    192.168.10.2:612     70.1.1.1           70.1.1.1
```

(2)在 PC2 上 ping ISP 路由器的回环口并在 RA 路由器上查看 NAT 转换条目。

```
RA#show ip nat translations
Pro      Inside global         Inside local       Outside local    Outside global
icmp   100.100.100.1:612    192.168.20.2:612     70.1.1.1           70.1.1.1
```

四、任务评价

评价项目	评价内容	参考分	评价标准	得分
拓扑图绘制	选择正确的连接线 选择正确的端口	20	选择正确的连接线，10 分 选择正确的端口，10 分	
IP 地址设置	正确配置路由器各接口 IP 地址	20	正确配置路由器各接口 IP 地址，20 分	
设备命令配置	正确配置各设备名称 正确配置端口 NAT 转换	20	正确配置各设备名称，10 分 正确配置端口 NAT 转换，10 分	
验证测试	正确配置 NAT 转换条目 会进行连通性测试	30	正确配置 NAT 转换条目，15 分 在设备中进行连通性测试，15 分	
职业素养	任务单填写齐全、整洁、无误	10	任务单填写齐全、工整，5 分 任务单填写无误，5 分	

五、相关知识

1. 复用 NAT 池

（1）当 NAT 池中的地址耗尽时，会导致后来的主机无法上网。所以，当内网的主机数超过 NAT 池中的地址数时，通常应配置成复用 NAT 池，这样每个 IP 地址可对应多个会话，各个会话用端口号进行区分。

（2）理论上讲，一个 IP 地址可以映射约 65 000 个会话，但实际的路由器往往只支持几千个会话（Cisco 支持约 4 000 个）。

（3）在复用 NAT 池中，Cisco 首先复用地址池中的第一个地址，达到能力极限后，再复用第二个地址，依次类推。

（4）复用 NAT 池的配置方法与 NAT 池的配置方法基本相同。

2. PAT

PAT 是复用 NAT 池的特例，它是通过端口复用技术用于一个合法 IP 地址映射内网的所有私有 IP 地址，这个地址往往就是路由器出口的 IP 地址。

3. PAT 配置

（1）地址池复用。

```
Router(config)#ip nat inside source list[acl-number]pool[pool-name]
overload
```

（2）接口复用。

```
Router(config)#ip nat inside source list[acl-number]interface[port-number]
overload
```

六、课后练习

1. 如果企业内部需要连接入 Internet 的用户一共有 400 个，但企业只申请到一个 C 类的合法 IP 地址，那么应该使用（　　）实现。

A. 静态 NAT　　B. 动态 NAT　　C. PAT　　D. TCP 负载均衡

2. NAPT 的好处是（　　）。

A. 可以快速访问外部主机　　B. 限制了内部对外部主机的访问

C. 增强了访问外部资源的能力　　D. 隐藏了内部网络的 IP 配置

3. Tom 的公司申请到 5 个 IP 地址，要使公司 20 台主机都能连到 Internet 上，它需要配置防火墙的（　　）功能。

A. 假冒 IP 地址的侦测　　B. 网络地址转换技术

C. 内容检查技术　　D. 基于地址的身份验证

项目小结

本项目主要介绍了 NAT 技术，NAT 技术设计的初衷是节省日益减少的 IPv4 地址，它允许一个整体机构以一个公用 IP 地址出现在 Internet 上。顾名思义，它是一种把内部私有网络地址翻译成合法网络 IP 地址的技术。

NAT 技术还可以用于将内网的服务器映射到公网上。NAT 的缺点就是不能处理嵌入式 IP 地址或端口，NAT 设备不能翻译那些嵌入应用数据部分的 IP 地址或端口信息，它只能翻译那种正常位于 IP 首部中的地址信息和位于 TCP/UDP 首部中的端口信息。

项目实践

使用模拟器或真实设备完成图 3-22 所示的拓扑图的配置。

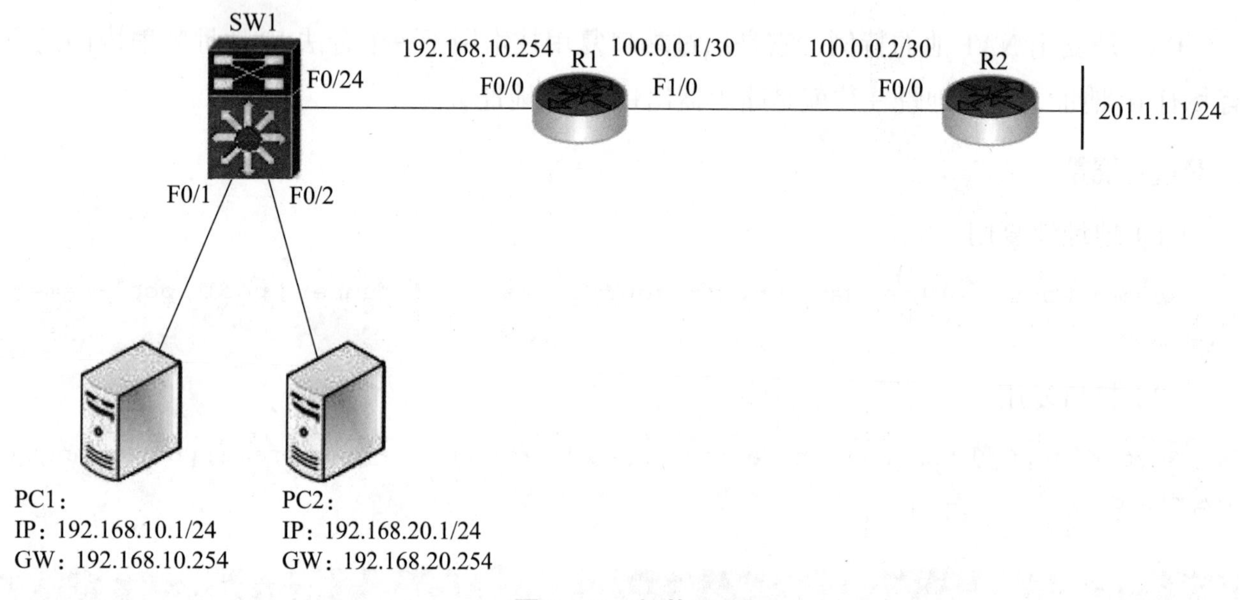

图 3-22 拓扑图

配置要求:

（1）根据上面的拓扑图完成路由器、交换机、计算机的基本配置，测试和记录 PC1、PC2 与 R2 之间的连通性。(说明: R2 上不得添加任何路由)

（2）在 R1 上完成基于接口的 NAT 配置，实现内网 PC1、PC2 能够访问外网的 R2 的回环口。

（3）做内网映射，将内网 PC2 的 FTP 和 Web 服务映射到公网。

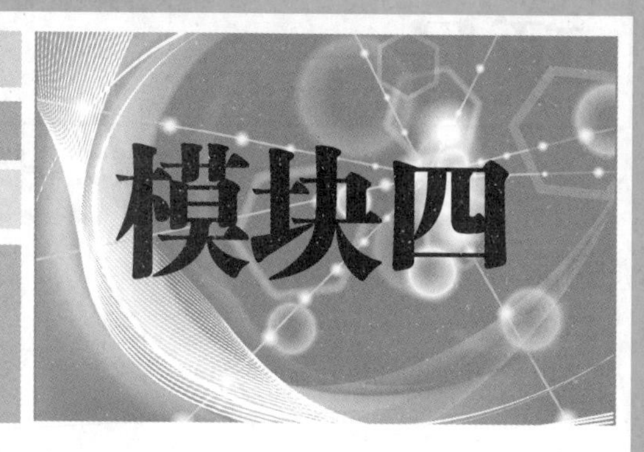

无线局域网

【模块引言】

无线网络是对一类用无线电技术传输数据网络的总称，可以说它是相对于我们目前普遍使用的有线网络而言的一种全新的网络组建方式，实现了高效无线互联。无线网络是网络技术发展中的一项重要技术，也是现代信息网络中最重要的研究课题之一。本模块通过学习无线网络的基础知识、胖瘦 AP 的部署，以及搭建一个无线物联网让读者从各方面深入了解无线局域网的应用。

【学习目标】

知识目标:

• 学习无线通信技术的基本知识，了解无线局域网的组建过程。

• 掌握基本无线局域网的组建方法和网络设备的配置过程。

• 了解无线局域网在工作、生活中应用场景。

能力目标:

• 能够说出无线局域网的基本工作原理和应用案例。

• 能够借助仿真平台和真机设备正确配置无线网络。

• 能够准确分析并排故，正确填写项目实验文档。

素质目标:

• 引导学生规范使用网络，防范网络诈骗和网络成瘾，加强学生的用网道德意识和防范意识。

• 培养学生团队协作、交流，提升团队合作和交流表达能力。

项目一

搭建小型无线局域网络及安全维护

工单任务1　配置无线路由器

一、工作准备

想一想

1. 家庭无线路由器怎么设置才能连接互联网?

2. 怎么安装无线路由器?

二、任务描述

任务场景

某小型办公室拥有几台台式计算机和笔记本电脑，但只有一个电信的可供接入互联网的ADSL账号，现在需要使用无线路由器共享上网，还需要提供一定的安全设置。本任务需了解无线路由器的基本功能，配置无线路由器，实现对台式机和笔记本电脑同时访问Internet的配置。

施工拓扑

小型办公室网络共享如图4-1所示。

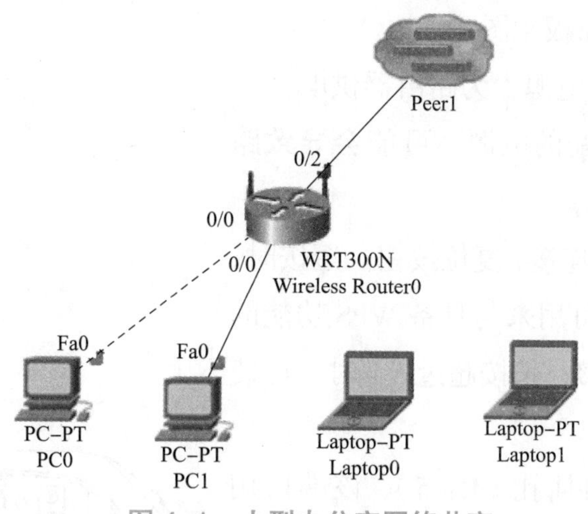

图 4-1　小型办公室网络共享

设备环境

双绞线，无线路由器（TP-LINK TL-WR340G+），PC1 台。

三、任务实施

1. 了解无线路由器的外部结构

（1）无线路由器的前面板如图 4-2 所示，其功能介绍如表 4-1 所示。

图 4-2　无线路由器的前面板

表 4-1　无线路由器前面板介绍

指示灯	描述	功能
	系统状态指示灯	常灭：系统存在故障 常亮：系统初始化故障 闪烁：系统正常
	无线状态指示灯	常灭：没有启用无线功能 常亮：已经启用无线功能 闪烁：正在进行无线数据传输
	局域网状态指示灯	常灭：相应端口没有连接上 常亮：相应端口已正常连接 闪烁：相应端口正在进行数据传输
	广域网状态指示灯	常灭：端口没有连接上 常亮：端口已正常连接 闪烁：端口正在进行数据传输
	安全连接指示灯	慢闪：正在进行安全连接，此状态持续约 2 min 慢闪转为常亮：安全连接成功 慢闪转为快闪：安全连接失败

（2）无线路由器的后面板（图 4–3）。

① POWER：用来连接电源，为路由器供电。

注意：如果使用不匹配的电源，可能会导致路由器损坏。

② QSS/ RESET：安全连接 / 复位按钮。短按时，启动快速安全连接功能，可用来与具备 WPS 功能的网络设备快速建立安全连接；长按超过 5 s 时，可使设备恢复到出厂默认设置。

③ WAN：广域网端口插孔（RJ45）。该端口用来连接以太网电缆或 xDSL Modem/Cable Modem。

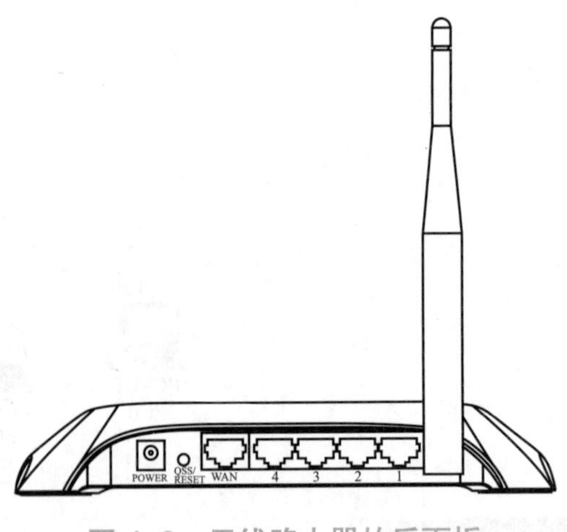

图 4–3　无线路由器的后面板

④ 4/3/2/1：局域网端口插孔（RJ45）。该端口用来连接局域网中的集线器、交换机或安装了网卡的计算机。

⑤复位：如果要将路由器恢复到出厂默认设置，那么在路由器通电的情况下，按住 QSS/RESET 键，同时观察系统状态指示灯，大约等待 5 s，当系统状态指示灯由缓慢闪烁变为快速闪烁状态时，表示路由器已成功恢复出厂设置，此时松开 QSS/RESET 键，路由器将重启。

2. 正确搭建任务实施环境

（1）连接无线路由器。用网线将计算机直接连接到路由器 LAN 口。如果是笔记本电脑，也可以将无线网卡 IP 地址设置为自动获取，连接到无线路由器即可。但如果是首次连接路由器并对无线路由器进行配置，PC 应使用有线方式连接无线路由器。

（2）登录路由器。路由器的管理地址、登录用户名、密码，在初始的情况下，在路由器的说明书上查找。

本路由器默认 LAN 口的 IP 地址是 192.168.1.1，默认子网掩码是 255.255.255.0。这些值可以根据实际需要进行改变。计算机连接路由器后，将自动获取 IP 地址。

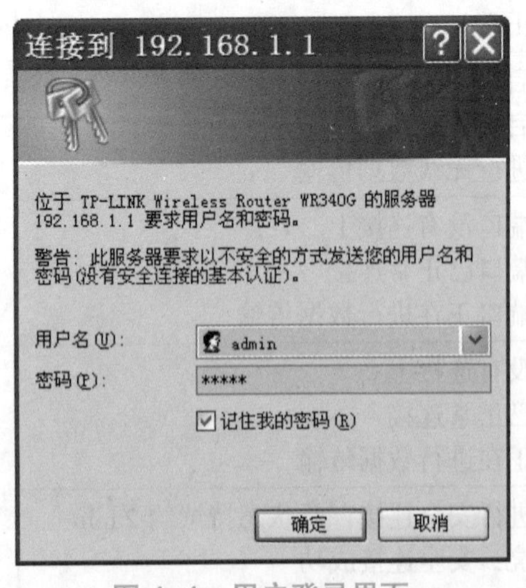

图 4–4　用户登录界面

打开网页浏览器，在浏览器的地址栏中输入路由器的 IP 地址：192.168.1.1，将会看到如图 4–4 所示的登录界面，输入用户名和密码（用户名和密码的出厂默认值均为 admin），单击“确定”按钮。

注意：为了更好地在实验室环境中完成以上实验建议，各组的无线路由器的 SSID 按 WLSYS+ 组号进行命名，安装无线网卡，将管理计算机用无线方式接入无线路由器。

（3）WAN 口设置。家用无线路由器根据 ISP 提供的网络参数，设置路由器 WAN 口参数，即可使局域网计算机共享 ISP 提供的网络服务。在图 4–5 所示的菜单中选择“WAN 口设置”选项。

图 4–5 WAN 口设置

WAN 口设置分为 3 种：PPPoE（ADSL 虚拟拨号）、动态 IP（以太网宽带，自动从网络服务商获取 IP 地址）、静态 IP（以太网宽带，网络服务商提供固定 IP 地址）。

选择 PPPoE（ADSL 虚拟拨号），在图 4–6 所示的页面中输入 ISP 提供的 ADSL 上网账号和上网口令。

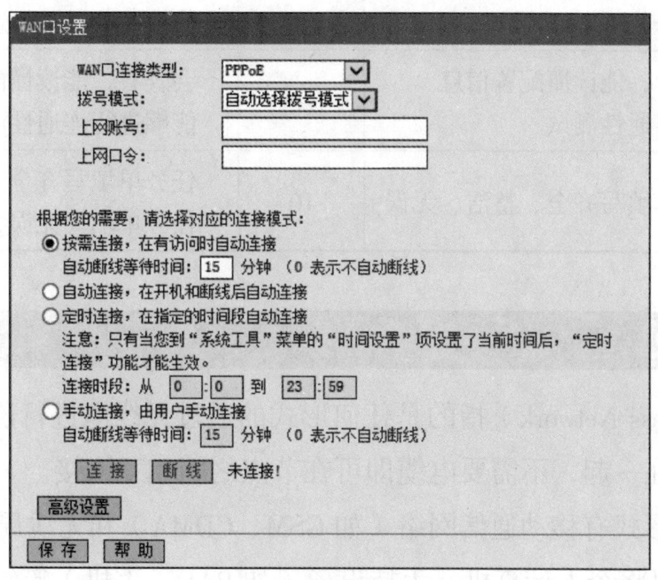

图 4–6 PPPoE 拨号

至此，已经可以通过无线路由器访问 Internet 了。

想一想

1. 无线路由器的 LAN 口与计算机连接是使用交叉线还是直通线，还是二者均可？
2. 如何初始化无线路由器？
3. WAN 口连接类型包括哪些连接方式？分别在什么情况下使用？

任务归纳

无线路由器借助路由器功能，可以实现小型无线网络中的 Internet 连接共享，实现 ADSL 和小区宽带的无线共享接入。

四、任务评价

评价项目	评价内容	参考分	评价标准	得分
拓扑图绘制	选择正确的连接线 选择正确的端口	20	选择正确的连接线，10 分 选择正确的端口，10 分	
IP 地址设置	正确配置主机及无线路由器地址	20	正确使用无线路由器的后台管理页面，配置 IP 地址池，使得主机能正常通过 DHCP 获取到 IP 地址，20 分	
设备命令配置	学会登录使用后台管理 正确配置 WAN 口连接类型 正确修改 LAN 口设置	30	学会登录使用后台管理，10 分 配置 WAN 口连接类型，10 分 修改 VAN 口设置，10 分	
验证测试	会查看，能读懂配置信息 进行连通性测试	20	会查看，能读懂配置信息，10 分 能够进行连通性测试，10 分	
职业素养	任务单填写齐全、整洁、无误	10	任务单填写齐全、工整，5 分 任务单填写无误，5 分	

五、相关知识

无线网络（Wireless Network）指的是任何形式的通过无线电进行连接的计算机网络，其普遍和电信网络结合在一起，不需要电缆即可在节点之间相互连接。

常见的无线网络形式有移动通信网络（如 GSM、CDMA）和无线局域网（如 Wi-Fi）等。

Wi-Fi 是一种可以将个人计算机、手持设备（如 PAD、手机）等终端以无线方式互相连接的技术。Wi-Fi 是一个无线网络通信技术的品牌，由 Wi-Fi 联盟（Wi-Fi Alliance）所持有，目的是向改善基于 IEEE 802.11 标准的无线网络产品之间的互通性的厂商收取专利费。现时一般会把 Wi-Fi 与 IEEE 802.11 混为一谈，甚至把 Wi-Fi 等同于无线网络。

六、课后练习

1. 以下不属于 ADSL 网络接入特性的是（　　）。

A. 在家庭上网的同时，可用电话　　B. 上传与下载最高速率是一样的

C. 基于电话线路的传输　　D. 较适合山区有电话接入的家庭安装

2. 光纤到家的英文缩写是（　　）。

A. FTTB　　B. FTTZ　　C. FTTX　　D. FTTH

3. 宽带路由器登录口令忘记后，最常见的处理方式是（　　）。

A. 寄回厂家，重新设置

B. 选择“修改登录口令”选项，根据提示修改即可

C. 在接通电源的情况下，长按 RESET 键

D. 关闭电源，重新启动

4. 无线路由器的无线工作频率为（　　）。

A. 2 GHz　　B. 2.4 GHz　　C. 3 GHz　　D. 3.4 GHz

5. 向运营商提出 FTTX+LAN 类型接入安装申请后，运营商会安排工程师上门服务，一般不会提供（　　）。

A. 上网账号　　B. 域名服务器地址

C. 接入的 IP 地址　　D. 登录密码

工单任务2　无线路由器的密码安全

一、工作准备

想一想

1. 怎么修改无线路由器密码？

2. 怎么才能使无线路由器传递信息更安全呢？

二、任务描述

任务场景

通过无线路由器提供的管理界面进行路由器的密码功能配置，实现对无线路由器的管理密码和无线接入密码的设置。

设备环境

双绞线、无线路由器（TP-LINK TL-WR340G+），PC 电脑 1 台，笔记本电脑 1 台。

三、任务实施

1. 无线网络密码设置

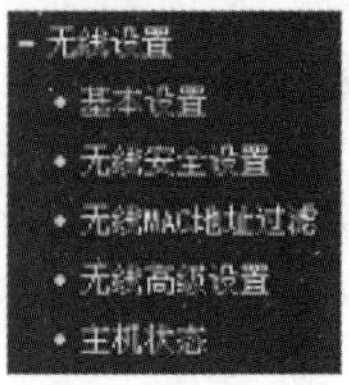

无线网络设置如图 4-7 所示。

- 无线设置
• 基本设置
• 无线安全设置
• 无线MAC地址过滤
• 无线高级设置
• 主机状态

图 4-7　无线网络密码设置

在图 4-7 所示的导航中选择“无线设置”项下的“基本设置”选项，打开如图 4-8 所示的界面。

无线状态：开启或者关闭路由器的无线功能。

SSID 号：设置任意一个字符串来标明这台路由器的无线网络。

频段：设置路由器的无线信号频段，建议选择“自动选择”选项。

模式：设置路由器的无线工作模式，建议使用 11bg mixed 模式。

开启安全设置：不开启无线安全功能，即不对路由器的无线网络进行加密，此时其他人均可以加入无线网络。

WPA-PSK/WPA2-PSK：路由器无线网络的加密方式。如果选择了该选项，那么在 PSK 密码文本框中输入想要设置的密码，密码要求为 8~63 个 ASCII 字符或 8~64 个十六进制字符。

在选中“开启安全设置”复选框后，在“安全类型”下拉列表框中选择“WPA-PSK/WPA2-PSK”选项，在“PSK 密码”文本框中输入要设定的密码，路由器重启后，再次连接无线网络时需要密码，如图 4-9 所示。

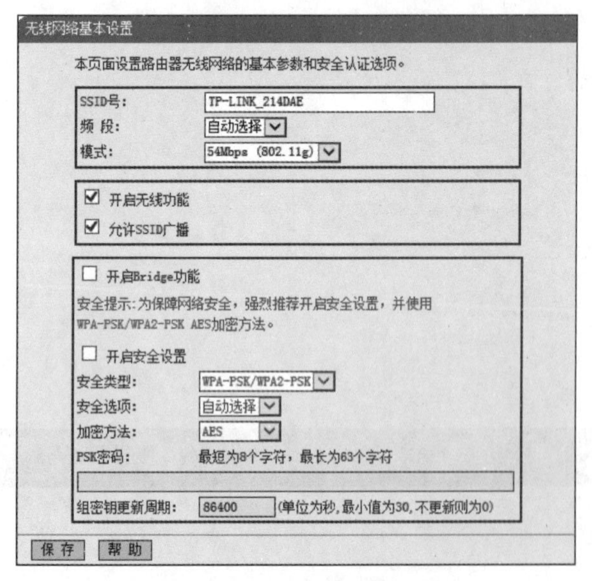

图 4-8　无线网络基本设置

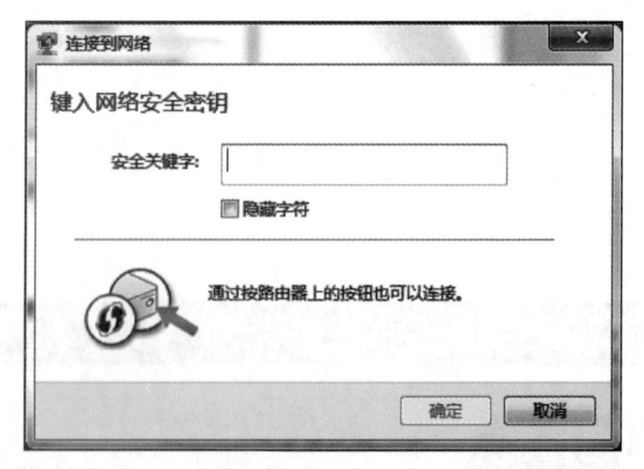

图 4-9　连接无线网络时密码输入窗口

2. 无线路由器的管理密码设置

在导航中选择“系统工具”项下的“修改登录口令”选项，如图 4-10 所示。打开如

图 4–11 所示的界面，在其中修改登录路由器管理界面的用户名和密码。修改完成后，单击“保存”按钮即可。

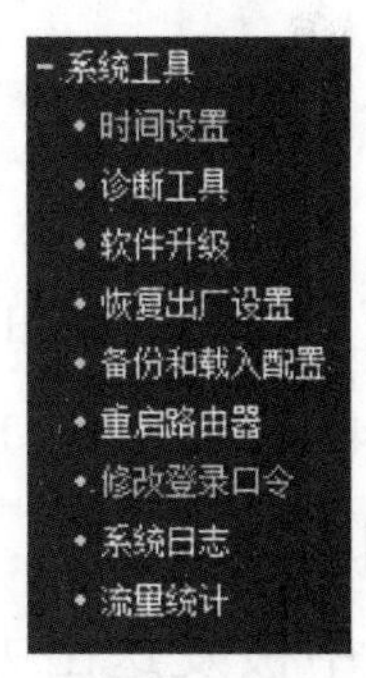

图 4–10　无线路由器管理密码设置

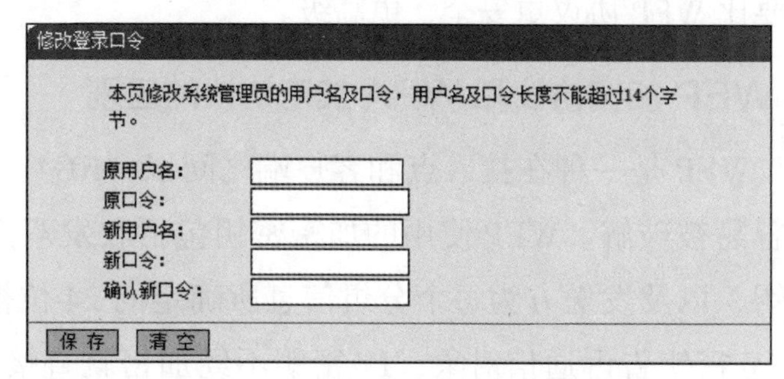

图 4–11　无线路由器管理密码设置

任务归纳

无线路由器的无线密码和管理密码都为无线路由器的使用提供了一定的安全性。

四、任务评价

评价项目	评价内容	参考分	评价标准	得分
设备命令配置	正确修改设备 SSID 正确修改设备安全类型及加密模式 正确修改设备连接密码 正确修改无线状态	60	正确修改设备 SSID，15 分 正确修改设备安全类型及加密模式，15 分 正确修改设备连接密码，15 分 正确修改无线状态，15 分	
验证测试	会查看配置信息	20	分析配置信息含义，20 分	
职业素养	任务单填写齐全、整洁、无误	20	任务单填写齐全、工整，10 分 任务单填写无误，10 分	

五、相关知识

1. WEP 加密协议和 WPA 加密协议的定义

WEP 协议也称为有线等效加密协议，这种无线通信协议常常是那些急于生产销售无线设备的厂家在比较短的时间内拼凑而成的非正规无线加密通信标准。目前来看，这种无线网络加密协议还有相当多的安全漏洞存在，使用该加密协议的无线数据信息很容易遭到攻击。

WPA 协议也称为 Wi–Fi 保护访问协议，这种加密协议一般是用来改进或替换有明显安全漏洞的 WEP 加密协议的，这种加密协议可以采用两种技术完成数据信息的加密传输目的：一种技术是临时密钥完整性技术（TKIP），在该技术支持下 WPA 加密协议使用 128 位密钥，同时，对每一个数据包来说，单击一次鼠标就能达到改变密钥的目的，该加密技术可以兼容目前的无线硬件设备及WEP加密协议；另外一种技术就是可扩展认证技术（EAP），WPA加密协议在这种技术支持下能为无线用户提供更多安全、灵活的网络访问功能，同时，这种协议要比WEP协议更安全、更高级。

2. WEP加密协议和WPA加密协议的区别

WEP是一种在接入点和客户端之间以“RC4”方式对分组信息进行加密的技术，密码很容易被破解。WEP使用的加密密钥包括收发双方预先确定的40位（或者104位）通用密钥，以及发送方为每个分组信息所确定的24位被称为IV密钥的加密密钥。但是，为了将IV密钥告诉通信对象，IV密钥不经加密就直接嵌入分组信息中被发送出去。如果通过无线窃听，收集到包含特定IV密钥的分组信息并对其进行解析，那么秘密的通用密钥也可能被计算出来。

WPA是继承了WEP基本原理而又解决了WEP缺点的一种新技术。由于加强了生成加密密钥的算法，因此即便收集到分组信息并对其进行解析，也几乎无法计算出通用密钥。

WPA加密即WiFi Protected Access，其加密特性决定了它比WEP更难入侵，所以如果对数据安全性有很高要求，那么就必须选用WPA加密方式（Windows XP SP2已经支持WPA加密方式）。

WPA是目前最好的无线安全加密系统，它包含两种方式：Pre-shared密钥和Radius密钥。

① Pre-shared密钥有两种密码方式：TKIP和AES。

② Radius密钥利用RADIUS服务器认证并可以动态选择TKIP、AES、WEP方式。

想一想

WEP加密协议和WPA加密协议有哪些区别?

六、课后练习

1. 无线宽带路由器设置完成后，手机通过识别（　　）接入路由器。

A. 登录口令　　B. IP地址　　C. SSID号　　D. MAC地址

2. TP-LINK宽带路由器在“无线安全设置”→“安全认证”选项中级别最高的是（　　）。

A. WPA- PSK/WPA2-PSK　　B. RSA

C. WEP　　D. WPA/WPA2

3. 家庭计算机接入宽带路由器，IP地址一般设置成“自动获得IP地址”，这基于宽带路由器提供了（　　）服务。

A. HTTP　　B. DHCP　　C. DNS　　D. FTP

4. 以下不属于家用无线路由器安全设置措施的是（　　）。

A. 设置 IP 限制、MAC 限制等防火墙功能

B. 登录口令采用 WPA/WPA2-PSK 加密

C. 设置自己的 SSID（网络名称）

D. 启用初始的路由器管理用户名和密码

工单任务3　无线路由器的DHCP设置

一、工作准备

想一想

1. 为什么计算机能够自己获取到 IP 地址？

2. 怎么管理发放 IP 地址？

二、任务描述

任务场景

配置路由器，实现局域网中所有客户机都能够获取到自己的 IP 地址和网关及 DNS。

设备环境

双绞线，无线路由器（TP-LINK TL-WR340G+），PC 1 台。

三、任务实施

1. DHCP 服务器设置

选择“高级设置”图标，点击“DHCP 服务”菜单项，出现如图 4-12 所示的界面，此处可配置 DHCP 地址池。

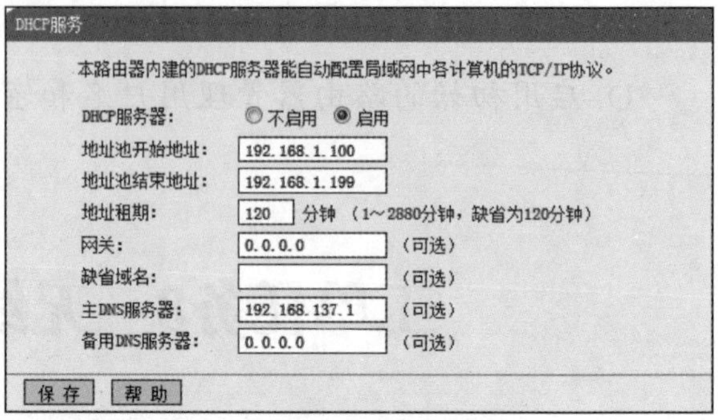

DHCP服务

本路由器内建的DHCP服务器能自动配置局域网中各计算机的TCP/IP协议。

DHCP服务器：	○不启用 ◉启用
地址池开始地址：	192.168.1.100
地址池结束地址：	192.168.1.199
地址租期：	120 分钟（1～2880分钟，缺省为120分钟）
网关：	0.0.0.0 （可选）
缺省域名：	（可选）
主DNS服务器：	192.168.137.1 （可选）
备用DNS服务器：	0.0.0.0 （可选）

保 存　帮 助

图 4-12　DHCP 地址池

DHCP 服务器：选择是否启用 DHCP 服务器功能，默认为启用。

地址池开始地址 / 结束地址：分别输入开始地址和结束地址。完成设置后，DHCP 服务器分配给内网主机的 IP 地址将介于这两个地址之间。

地址租期：即 DHCP 服务器给内网主机分配的 IP 地址的有效使用时间。在该段时间内，服务器不会将该 IP 地址分配给其他主机。

网关：可选项。应输入路由器 LAN 口的 IP 地址，默认为 192.168.1.1。

缺省域名：可选项。应输入本地网域名，默认为空。

主 / 备用 DNS 服务器：可选项。可以输入 ISP 提供的 DNS 服务器地址或保持默认，若不清楚，可咨询 ISP。

2. 查看客户端列表

选择“DHCP 服务器”→“客户端列表”选项，可以查看客户端主机的相关信息；单击“刷新”按钮可以更新表中信息，如图 4-13 所示。

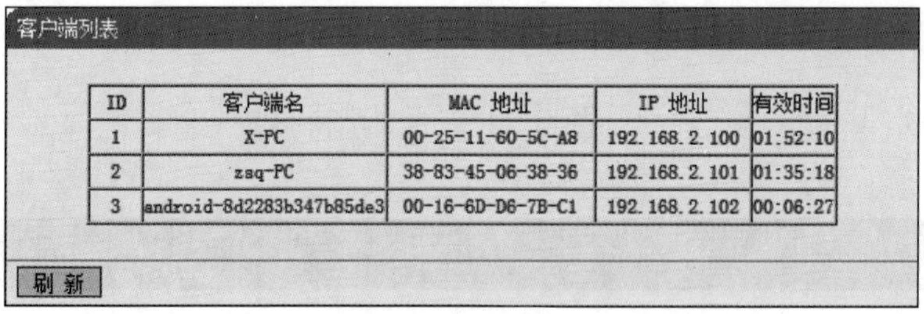

客户端列表

ID	客户端名	MAC 地址	IP 地址	有效时间
1	X-PC	00-25-11-60-5C-A8	192.168.2.100	01:52:10
2	zsq-PC	38-83-45-06-38-36	192.168.2.101	01:35:18
3	android-8d2283b347b85de3	00-16-6D-D6-7B-C1	192.168.2.102	00:06:27

刷 新

图 4-13　客户端列表

客户端名：显示获得 IP 地址的客户端计算机的名称。

MAC 地址：显示获得 IP 地址的客户端计算机的 MAC 地址。

IP 地址：显示 DHCP 服务器分配给客户端主机的 IP 地址。

有效时间：指客户端主机获得的 IP 地址距到期所剩的时间。每个 IP 地址都有一定的租用时间，客户端软件会在租期到期前自动续约。

3. 静态地址分配

选择菜单“DHCP 服务器”→“静态地址分配”选项，可以在图 4-14 所示的界面中查看和编辑静态 IP 地址分配条目。

静态地址分配

本页设置DHCP服务器的静态地址分配功能。

注意：添加、删除条目或对已有条目做任何更改，需重启本设备后才能生效。

ID	MAC地址	IP地址	状态	编辑

添加新条目　使所有条目生效　使所有条目失效　删除所有条目

上一页　下一页　帮助

图 4–14　静态地址分配

单击“添加新条目”按钮，可以在图 4–15 所示的界面中设置新的静态地址分配条目。

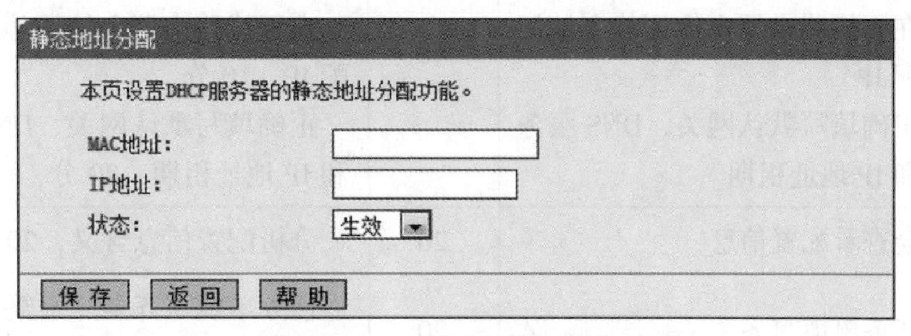

图 4–15　静态地址分配条目

MAC 地址：输入需要预留静态 IP 地址的计算机的 MAC 地址。

IP 地址：预留给内网主机的 IP 地址。

状态：设置该条目是否生效。只有状态为“生效”时，本条目的设置才生效。

举例：如果希望给局域网中 MAC 地址为 00–13–8F–A9–6C–CB 的计算机预留 IP 地址 192.168.1.101，这时按照如下步骤设置。

①单击“添加新条目”按钮。

②设置 MAC 地址为“00–13–8F–A9–6C–CB”，IP 地址为“192.168.1.101”，状态为“生效”。

③单击“保存”按钮，可以看到设置完成后的静态地址分配列表。

④重启路由器使设置生效。

想一想

1. DHCP 服务器的作用有哪些？

2. 如何为固定的机器分配固定的 IP 地址？

任务归纳

无线路由器的 DHCP 服务为无线路由器的使用提供了便利。

四、任务评价

评价项目	评价内容	参考分	评价标准	得分
IP 地址设置	正确配置无线路由器地址	20	正确配置无线路由器地址，20 分	
设备命令配置	在无线路由器上使用 DHCP 分配主机 IP 在无线路由器上使用静态地址分配 IP 正确填写默认网关、DNS 服务器和 IP 地址租期	40	在无线路由器上使用 DHCP 分配主机 IP，10 分 在无线路由器上使用静态地址分配 IP，10 分 正确填写默认网关、DNS 服务器和 IP 地址租期，20 分	
验证测试	会查看配置信息	20	分析配置信息含义，20 分	
职业素养	任务单填写齐全、整洁、无误	20	任务单填写齐全、工整，10 分 任务单填写无误，10 分	

五、相关知识

DHCP（Dynamic Host Configuration Protocol，动态主机配置协议）通常被应用在大型的局域网络环境中，主要作用是集中管理、分配 IP 地址，使网络环境中的主机动态地获得 IP 地址、网卡地址、DNS 服务器地址等信息，并能够提升地址的使用率。

DHCP 协议采用客户端 / 服务器模型，主机地址的动态分配任务由网络主机驱动。当 DHCP 服务器接收到来自网络主机申请地址的信息时，才会向网络主机发送相关的地址配置等信息，以实现网络主机地址信息的动态配置。DHCP 具有以下功能。

① 保证任何 IP 地址在同一时刻只能由一台 DHCP 客户机使用。

② DHCP 应当可以给用户分配永久固定的 IP 地址。

③ DHCP 应当可以同用其他方法获得 IP 地址的主机共存（如手工配置 IP 地址的主机）。

④ DHCP 服务器应当向现有的 BOOTP 客户端提供服务。

DHCP 有 3 种方式分配 IP 地址:

①自动分配方式（Automatic Allocation）。DHCP 服务器为主机指定一个永久性的 IP 地址，一旦 DHCP 客户端第一次成功地从 DHCP 服务器端租用到 IP 地址，就可以永久性地使用该地址。

②动态分配方式（Dynamic Allocation）。DHCP 服务器为主机指定一个具有时间限制的 IP 地址，时间到期或主机明确表示放弃该地址时，该地址可以被其他主机使用。

③手动分配方式（Manual Allocation）。客户端的 IP 地址是由网络管理员指定的，DHCP

服务器只是将指定的 IP 地址告诉客户端主机。

以上 3 种地址分配方式中，只有动态分配可以重复使用客户端不再需要的地址。

DHCP 消息的格式是基于 BOOTP（Bootstrap Protocol）消息格式的，这就要求设备具有 BOOTP 中继代理的功能，并能够与 BOOTP 客户端和 DHCP 服务器实现交互。BOOTP 中继代理的功能，使得没有必要在每个物理网络都部署一个 DHCP 服务器。RFC 951 和 RFC 1542 对 BOOTP 协议进行了详细描述。

六、课后练习

1. DHCP 的中文为（　　）。

A. 静态主机配置协议　　B. 动态主机配置协议

C. 主机配置协议　　D. 无线路由配置协议

2. 为移动用户提供较短的地址租约期限为 4 h，输入的租约数据应该是（　　）。

A. 3 600　　B. 10 800　　C. 1 440　　D. 25 560

3. Ipconfig/release 的意思是（　　）。

A. 获取地址　　B. 释放地址

C. 查看所有 IP 配置　　D. 查看 IP 地址租期

4. 如果要创建一个作用域，网段为 192.168.11.1~254，那么默认路由一般是（　　）。

A. 192.168.11.1　　B. 192.168.0.254　　C. 192.168.11.254　　D. 192.168.11.252

5. DHCP 的作用是（　　）。

A. 为主机分配 IP 地址　　B. 实现文件共享

C. 提供 Web 服务　　D. 进行安全认证

项目二

搭建无线局域网

工单任务　搭建无线物联网

一、工作准备

想一想

1. 无线路由器中 SSID 的作用是什么？

2. 如何在交换机上配置中继代理？

二、任务描述

任务场景

组建一个物联无线局域网，由服务器的 DHCP 服务和交换机的中继功能为各个设备分配 IP 地址，笔记本电脑和移动手机通过无线加密（WPA2-PSK）方式连接到无线路由器，物联组件（台灯和风扇）通过在服务器的 IoT 服务上注册，从而实现利用远程移动终端进行访问控制。

施工拓扑

施工拓扑图如图 4-16 所示。

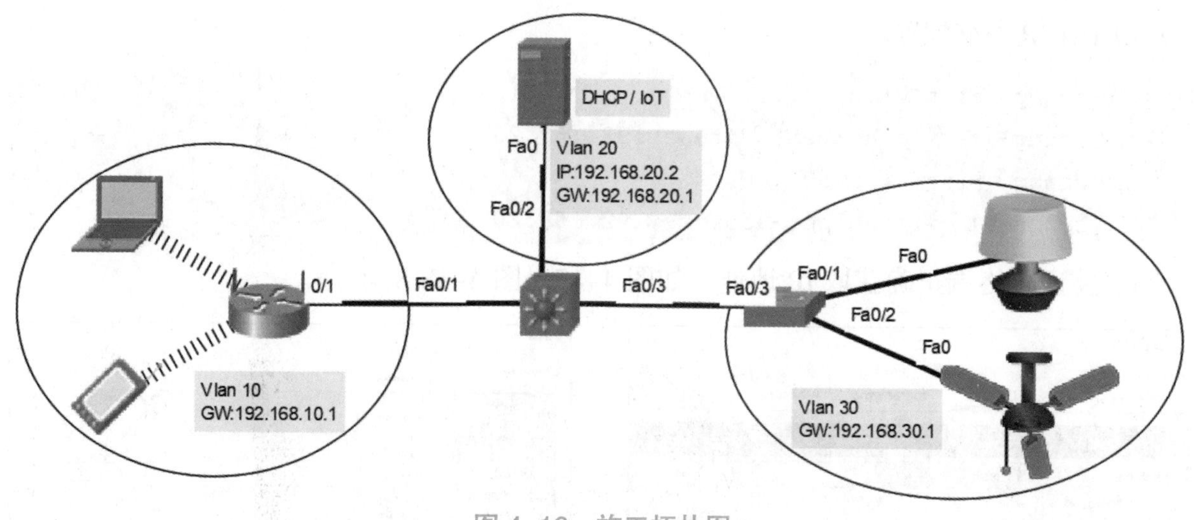

图 4-16 施工拓扑图

设备环境

本实验采用 Packet Tracer 7.0 以上版本进行实验，使用无线路由器型号为 WRT300N，三层交换机型号为 3560-24PS，二层交换机型号为 2960，移动 PC 型号为 Laptop-PT，移动终端型号为 Smartphone-PT，物联设备 Fan（风扇）、Light（台灯）各 1 个。

三、任务实施

1. 配置三层交换机

（1）配置交换机 VLAN。

```
Sw1（config）#vlan 10
Sw1（config）#vlan 20
Sw1（config）#vlan 30
Sw1（config）#interface f0/1
Sw1（config-if）#switchport access vlan 10
Sw1（config）#interface f0/2
Sw1（config-if）#switchport access vlan 20
Sw1（config）#interface f0/3
Sw1（config-if）#switchport access vlan 30
```

（2）在交换机上分别创建相应的 SVI 接口。

```
Sw1（config）#int vlan 10
Sw1（config-if）#ip address 192.168.10.1 255.255.255.0
Sw1（config）#int vlan 20
Sw1（config-if）#ip address 192.168.20.1 255.255.255.0
Sw1（config）#int vlan 30
Sw1（config-if）#ip address 192.168.30.1 255.255.255.0
Sw1（config）#ip routing                          #模拟器中开启路由协议
```

（3）DHCP 中继配置。

```
Sw1(config)#int vlan 10
Sw1(config-if)#ip helper-address 192.168.20.2
Sw1(config)#int vlan 30
Sw1(config-if)#ip helper-address 192.168.20.2
```

（4）验证各终端正确获取 IP 地址，如图 4–17、图 4–18 所示。

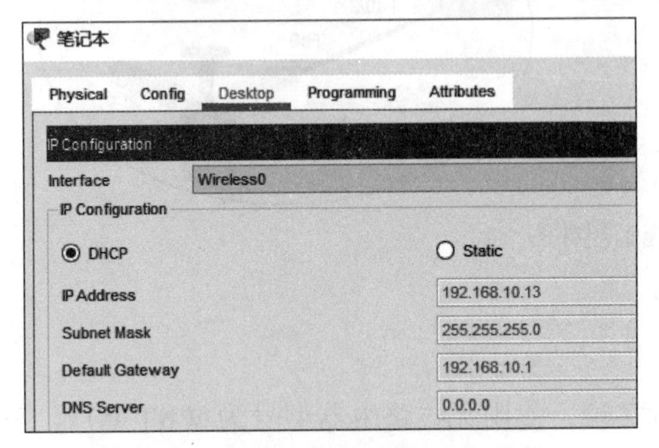

图 4–17　笔记本电脑获取 IP 地址

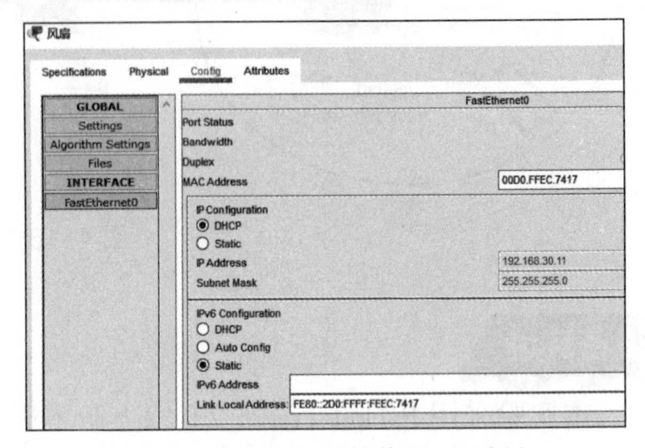

图 4–18　风扇设备获取 IP 地址

2. 配置无线网络

（1）配置无线路由器 SSID 为 myhome，加密方式为 WPA2–PSK，密码为 12345678，如图 4–19 所示。

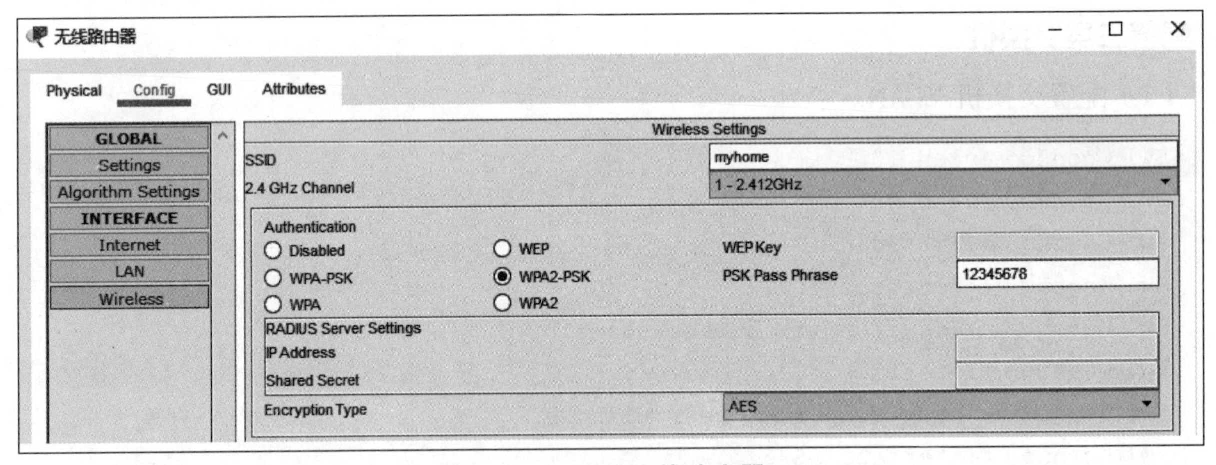

图 4–19　设置无线路由器

（2）关闭无线路由的DHCP功能。在无线路由器GUI→Setup→DHCP Server选项区域中，选中 Disabled 单选按钮，并单击 Save Settings 按钮，如图 4–20 所示。

（3）连接无线终端。打开笔记本电脑设置界面，在 Config → Wireless0 选项卡的 SSID 文本框中输入“myhome”，在 WPA2–PSK 后的文本框中输入密码“12345678”。关闭窗口并查看无线终端连接状态，如图 4–21、图 4–22 所示。

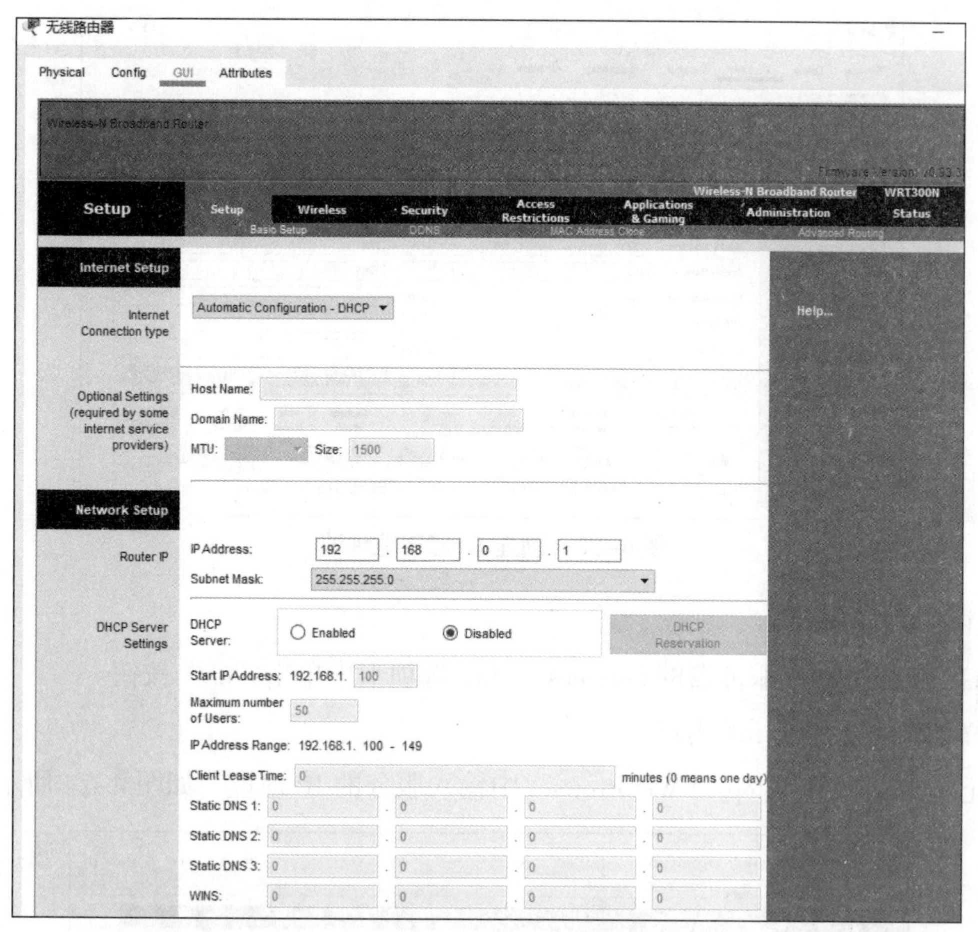

图 4-20　关闭 DHCP 功能

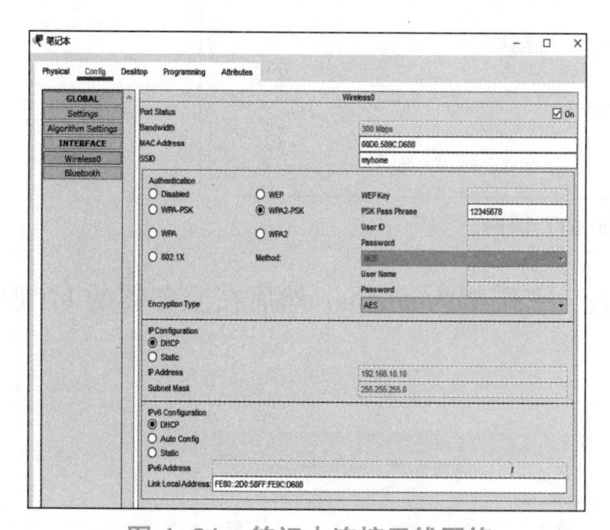

图 4-21　笔记本连接无线网络

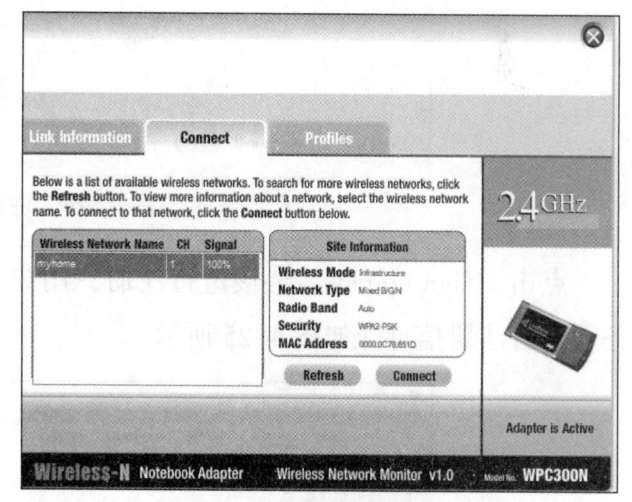

图 4-22　笔记本无线连接状态

3. 配置服务器

（1）配置 DHCP 地址池。

在服务器的 Services → DHCP 选项卡下新建两个地址池，分别为 Vlan10 和 Vlan30，参数如图 4-23 所示。

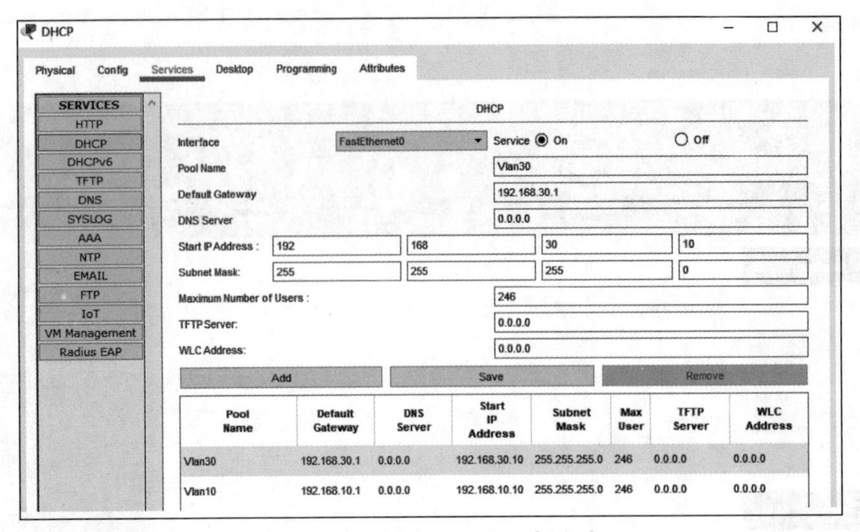

图 4–23　创建 DHCP 地址池

（2）注册 IoT 用户。

①开启 IoT 服务。在服务器的 Services → IoT 选项卡中单击 “on” 按钮。

②在移动设备上注册 IoT 用户。

在笔记本电脑上 Desktop → WebBrowser 中输入服务的 IP 地址，如图 4–24 所示。

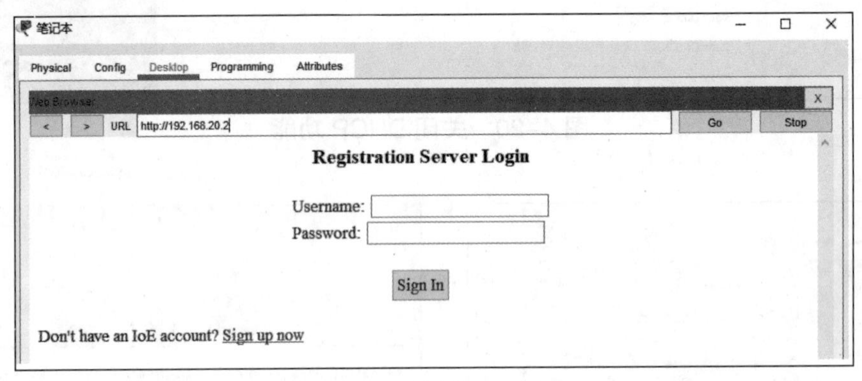

图 4–24　注册 IoT 用户

点击 “Sign up now” 链接进行注册，用户名、密码都为 admin。然后在服务器的 IoT 服务下查看注册信息，如图 4–25 所示。

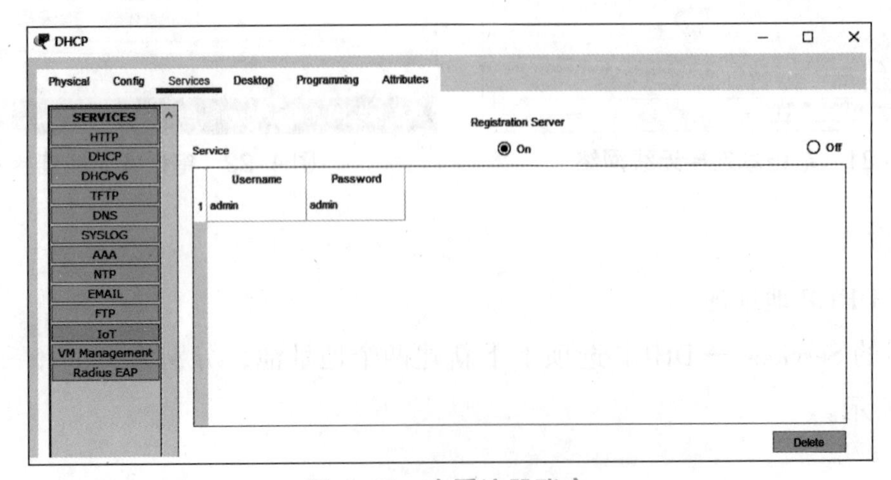

图 4–25　查看注册账户

4. 配置 IoT 组件

（1）远程注册 IoT 组件。打开物联设备风扇，在 Config → IoT Server 选项区域中选中 Remote Server 单选按钮，输入服务器的 IP 地址 192.168.20.2，用户名和密码均为 admin。点击 Connet 按钮，当按钮显示状态变为 Refresh 时，表示注册成功，如图 4–26 所示。

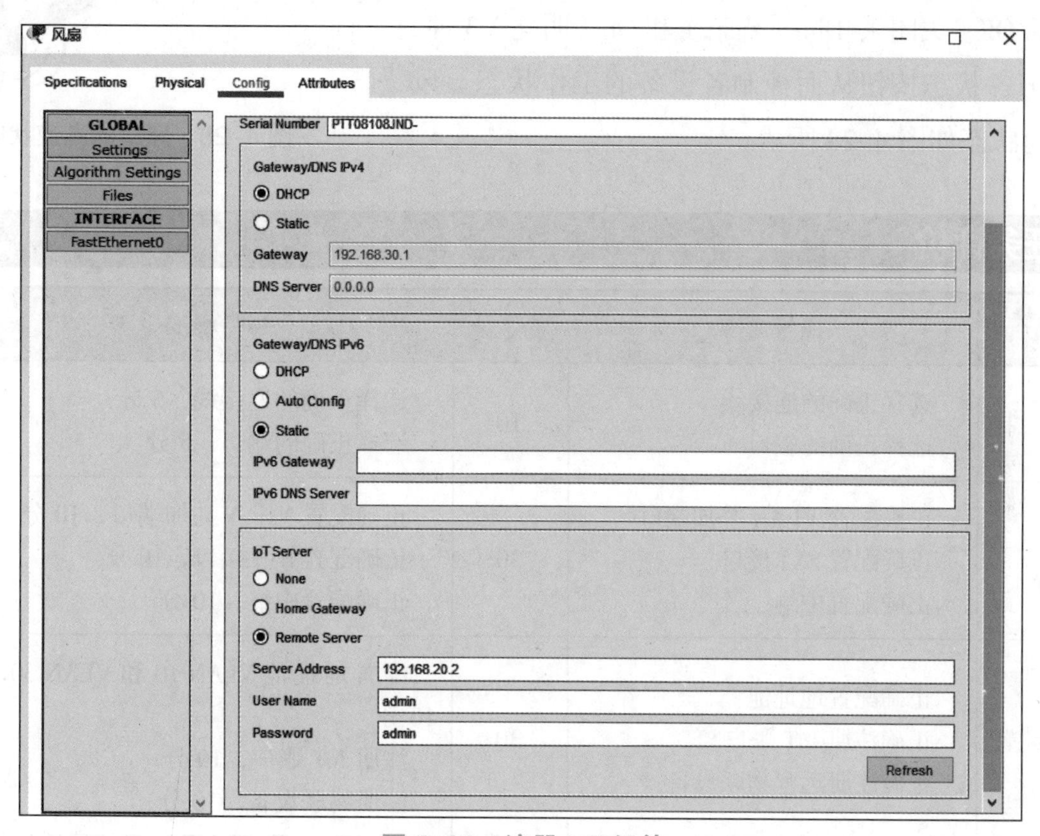

图 4–26　注册 IoT 组件

（2）在移动设备上查看、控制物联组件的状态。在笔记本设备上 Desktop → WebBrowser 浏览器中输入服务器的 IP 地址 192.168.20.2，并在用户名和密码处输入 admin，点击 Sign In 按钮，查看到两个物联设备的状态信息，如图 4–27 所示。

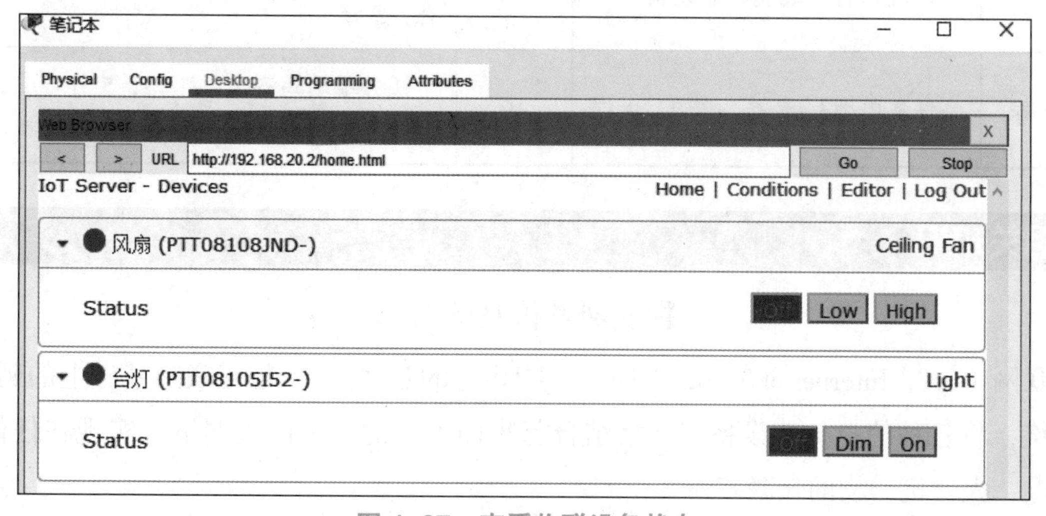

图 4–27　查看物联设备状态

在移动手机端查看物联设备的方法除上面介绍的以外，还可在 Desktop → IoTMonitor 中查看。风扇和台灯是最常见的物联设备，风扇的控制状态包括了 Off（关闭）、Low（低速）和 High（高速）3 种；而台灯的状态包括 Off（关闭）、Dim（昏暗）和 On（明亮）3 种。通过点击各状态按钮从而控制各设备的工作状态。风扇的高速状态如图 4-28 所示。

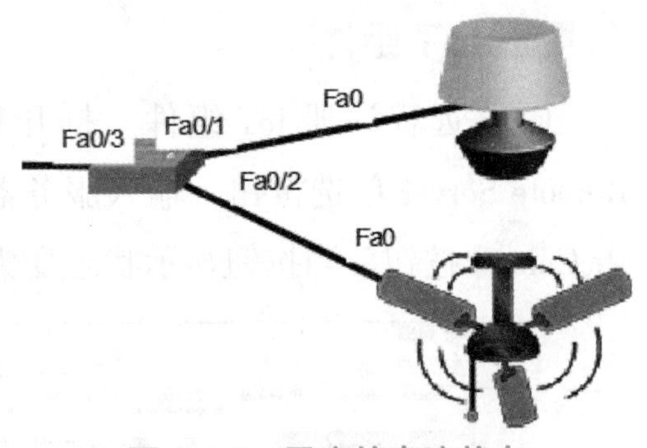

图 4-28 风扇的高速状态

四、任务评价

评价项目	评价内容	参考分	评价标准	得分
拓扑图绘制	选择正确的连接线 选择正确的端口	10	选择正确的连接线，5 分 选择正确的端口，5 分	
交换机命令配置	正确配置 VLAN 并加端口 正确配置 SVI 接口 正确配置中继	30	正确配置 VLAN 并加端口，10 分 正确配置 SVI 接口，10 分 正确配置中继，10 分	
服务器配置	正确配置地址池 正确注册 IoT 账户 正确注册远程物联设备	30	配置地址池 VLAN 10 和 VLAN 30，10 分 注册 IoT 账户，10 分 注册物联设备，10 分	
无线路由器配置	正确配置无线访问方式 正确关闭无线 DHCP 功能	10	正确配置无线访问方式，5 分 正确关闭无线 DHCP 功能，5 分	
验证测试	各设备正确获取 IP 地址 正确查看、控制物联设备	10	设备正确获取 IP 地址，5 分 在移动终端查看、控制物联设备状态，5 分	
职业素养	任务单填写齐全、整洁、无误	10	任务单填写齐全、工整，5 分 任务单填写无误，5 分	

五、相关知识

物联网及仿真的特点

物联网（IoT，Internet of Things）即“万物相连的互联网”，是互联网基础上的延伸和扩展的网络，将各种信息传感设备与网络结合起来而形成的一个巨大网络，实现在任何时间、任何地点，人、机、物的互联互通。

在注册服务器上注册设备，定义相关的设备参数信息。当后续实际设备接入物联网平台时，设备和平台之间进行鉴权认证成功后，实际设备接入物联网平台，实现平台和设备的连接和通信。

从 Packet Tracer 7.0 开始，除了已有的路由器、交换机等设备，设备类中增加了许多物联网智能硬件设备和组件。智能硬件设备具有网络模块，能够通过物联网家庭网关或注册服务器联网实现远程监控和配置，而组件不具有网络模块，通过连接到单片机或单板机的数字或模拟接口上进行联网，用编程语言 JavaScript、Python 和可视化编程语言进行操控，使之成为远程控制和管理。

项目小结

本项目主要介绍了无线技术，利用无线技术搭建了一个物联网网络，通过模拟器 Packet Tracer 7.0 实现无线终端对物联组件的管理和配置。此外，目前大型的企业网中都是使用 AC+ 瘦 AP 的部署模式，这种部署模式的优点是部署速度快，发现故障修复快。配合 POE 交换机部署，非常方便、快捷。

项目实践

使用真实设备完成图 4–29 所示的拓扑图配置。

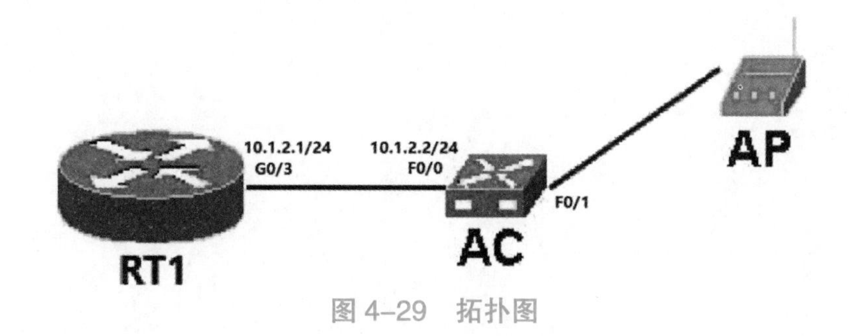

图 4–29 拓扑图

配置要求：

（1）在 RT1 上配置 VLAN 110 和 VLAN 120 网段内网用户，分别通过 RT1 上的 DHCP 设置中的地址池 SC110、SC120 获取 IP 地址，其中 VLAN 110 和 VLAN 120 的网关地址为该网段最后一个地址。具体地址分配如表 4–2 所示。

表 4–2 地址分配

VLAN 110	192.168.10.0	255.255.255.0
VLAN 120	192.168.20.0	255.255.255.0
VLAN 200	192.168.30.0	255.255.255.0

（2）搭建无线网络，通过无线 AC 和瘦 AP 来实现，创建两个无线信号，AC 配置 VLAN 200 为 AP 管理 VLAN，VLAN 110、120 为业务 VLAN，需要排除相关地址；AC 使用管理 VLAN 最后一个地址作为管理地址，采用序列号认证，SSID 分别为"DCFI"和"DSSE"，"DCFI"对应于 VLAN 110，用户接入无线网络时需要采用基于 WPA2 加密方式，其口令为"wifi2018"；"DSSE"对应于 VLAN 120，用户接入无线网络时不需要认证；为 AP 配置管理地址及路由。

（3）配置完成后，使用手机或者笔记本电脑等无线连接设备测试终端是否工作正常。

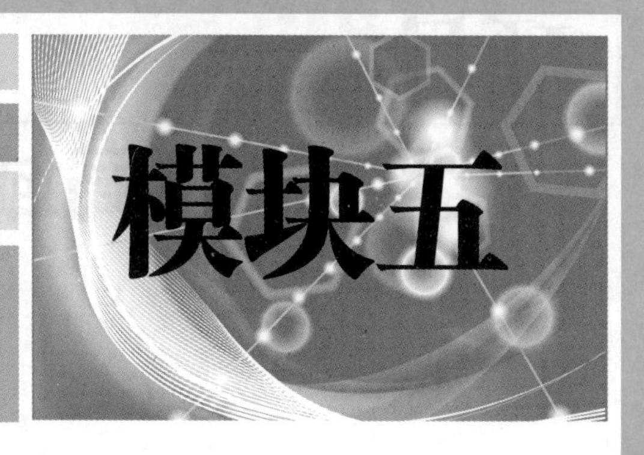

综合实验

【模块引言】

一名合格的网络工程师应通晓计算机及网络基础理论，熟悉网络技术系统基础；精通网络设备、服务器调试技术；精通网络平台、服务器平台及基础应用平台的设计；具备良好的表达能力和人际交流能力，善于与他人沟通、协同工作；善于学习积累，积极应对各种突发问题。本模块将通过组建小型校园网络和组建一个单出口企业网络为背景，全面锻炼并培养一名网络小白从“0”到“1”的飞跃。

【学习目标】

知识目标：

- 了解常见计算机网络组建的应用案例。
- 掌握在综合项目中网络规划、配置实施、网络测试等实施过程。

能力目标：

- 能够正确分析、规划网络拓扑结构，正确配置网络设备信息。
- 能够借助多种手段准确分析并排故，综合考虑网络的安全性和稳定性。

素质目标：

- 通过对项目进行需求分析，培养学生独立分析问题和解决问题的意识。
- 培养学生在部署网络时能考虑安全、环境、文化、法律等因素。

项目 组建小型局域网

工单任务1　组建校园网

一、工作准备

想一想

1. 静态路由和动态路由分别有哪些优缺点？

2.Web 和 DNS 服务可以同时配置在同一台服务器上吗？

二、任务描述

任务场景

组建一个校园局域网，接入层两台交换机分别创建 VLAN 10 和 VLAN 20，在汇聚层交换机上通过 SVI 接口实现校园内网的互通，在三层设备上配置路由表实现校园网各主机对架设在 Web 服务器上的站点进行访问。Web 服务器和 DNS 服务器为同一设备，通过在 R2 路由器上配置回环地址实现对其进行远程访问控制。

施工拓扑

施工拓扑图如图 5-1 所示。

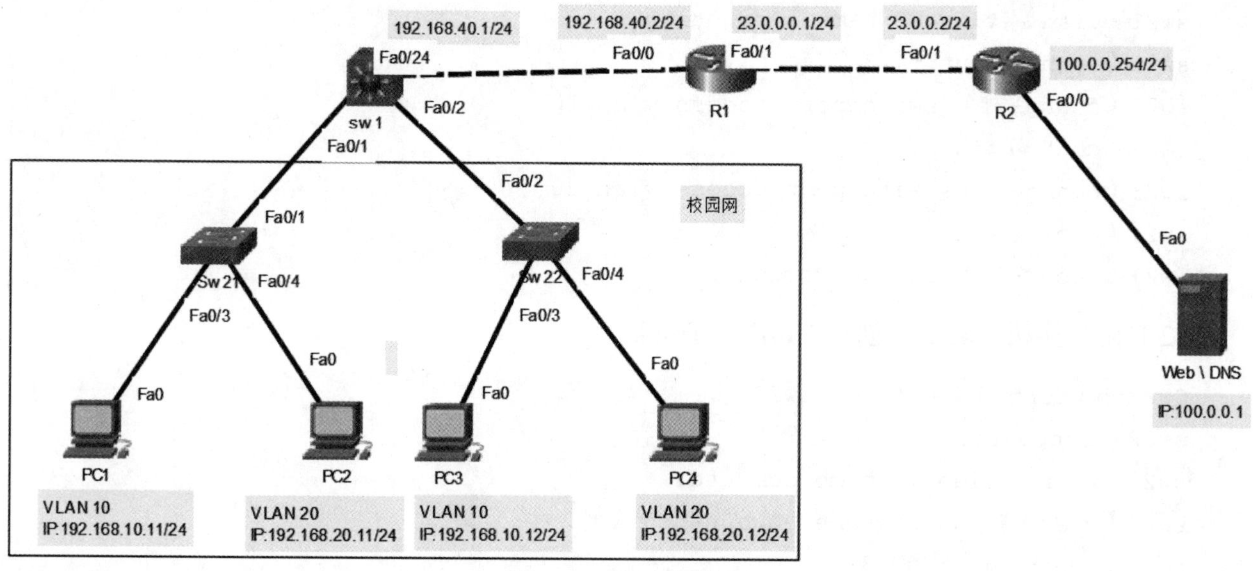

图 5-1　施工拓扑图

设备环境

本实验可以在物理设备或者 Packet Tracer 模拟器上进行实验，三层交换机（3560）1 台，二层交换机（2960）2 台，路由器（2811）2 台，计算机 4 台，服务器 1 台。

三、任务实施

1. 配置各设备的地址

各设备的地址信息如表 5-1 所示。

表 5-1　各设备的地址信息

<table>
<tr><th>设备名称</th><th>IP 地址</th><th>网关</th><th>DNS</th></tr>
<tr><td>PC1</td><td>192.168.10.11/24</td><td>192.168.10.254</td><td rowspan="4">100.0.0.1</td></tr>
<tr><td>PC2</td><td>192.168.10.12/24</td><td>192.168.10.254</td></tr>
<tr><td>PC3</td><td>192.168.20.11/24</td><td>192.168.20.254</td></tr>
<tr><td>PC4</td><td>192.168.20.12/24</td><td>192.168.20.254</td></tr>
<tr><td>服务器</td><td>100.0.0.1/24</td><td>100.0.0.254</td><td></td></tr>
</table>

2. 配置接入层交换机

（1）在交换机 SW21 上创建 VLAN、Trunk。

```
Switch（config）#hostname sw21
sw21#vlan database
sw21（vlan）#vlan 10 name computer
```

```
sw21(vlan)#vlan 20 name accounting
sw21(config)#int f0/3
sw21(config-if)#switchport access vlan 10
sw21(config)#int f0/4
sw21(config-if)#switchport access vlan 20
sw21(config)#int f0/1
sw21(config-if)#sw mode trunk
```

(2)在交换机 SW22 上创建 VLAN、Trunk。

```
Switch(config)#hostname sw22
sw22#vlan database
sw22(vlan)#vlan 10 name computer
sw22(vlan)#vlan 20 name accounting
sw22(config)#int f0/3
sw22(config-if)#switchport access vlan 10
sw22(config)#int f0/4
sw22(config-if)#switchport access vlan 20
sw22(config)#int f0/2
sw22(config-if)#sw mode trunk
```

3. 配置汇聚层交换机

(1)在三层交换机上创建 VLAN、Trunk 及 SVI 接口。

```
Sw1#vlan database
Sw1(vlan)#vlan 10 name computer
Sw1(vlan)#vlan 20 name accounting
sw1(config)#int vlan 10
sw1(config-if)#ip address 192.168.10.254 255.255.255.0
sw1(config)#int vlan 20
sw1(config-if)#ip address 192.168.20.254 255.255.255.0
sw1(config-if)#ip routing                    #启用路由协议
```

(2)启用三层交换机路由端口并配置静态路由。

```
sw1(config)#int f0/24
sw1(config-if)#no switchport
sw1(config-if)#ip address 192.168.40.1 255.255.255.0
sw1(config)#ip route 23.0.0.0 255.255.255.0 192.168.40.2
sw1(config)#ip route 100.0.0.0 255.255.255.0 192.168.40.2
```

(3)在交换机上添加一条指向回环地址 3.3.3.3 的静态路由

使用静态路由时,在 SW1 上添加路径信息 ip route,如果使用动态路由,需要在 R2 上添加路径信息 network。

```
Sw1(config)#ip route 3.3.3.0 255.255.255.0 192.168.40.2
```

为了实现从主机到该回环地址的连通，还应该在R1路由器上添加一条指向该网段的静态路由表。

```
R1（config）#________________
```

4. 配置路由器

（1）R1路由器的配置。

```
Router（config）#hostname R1
R1（config）#int f0/0
R1（config-if）#no shutdown
R1（config-if）#ip address 192.168.40.2 255.255.255.0
R1（config）#int f0/1
R1（config-if）#no shutdown
R1（config-if）#ip address 23.0.0.1 255.255.255.0
R1（config）#ip route 192.168.10.0 255.255.255.0 192.168.40.1
R1（config）#ip route 192.168.20.0 255.255.255.0 192.168.40.1
R1（config）#ip route 100.0.0.0 255.255.255.0 23.0.0.2
```

（2）R2路由器的配置。

配置R2路由器的端口地址及默认路由。

```
Router（config）#hostname R2
R2（config）#int f0/1
R2（config-if）#no shutdown
R2（config-if）#ip address 23.0.0.2 255.255.255.0
R2（config）#int f0/0
R2（config-if）#no shutdown
R2（config-if）#ip add 100.0.0.254 255.255.255.0
R2（config）#ip route 0.0.0.0 0.0.0.0 23.0.0.1
```

在路由器R2上配置loopback接口，配置IP地址为3.3.3.3/24，将其作为路由器远程登录的地址，并进行远程登录的相关配置，实现路由器R2能够远程登录。

```
R2（config）#int loopback 0
R2（config-if）#ip address 3.3.3.3 255.255.255.0
R2（config-if）#no shutdown
R2（config）#enable password 123456          #设置特权密码
R2（config）#line vty 0 4
R2（config-line）#password 123               #设置远程登录密码
R2（config-line）#login
```

5. 配置服务器

在服务器上配置WWW服务和DNS，使得远程主机可以通过浏览器访问地址www.abc.com。在Web服务器Services→HTTP服务下，打开网页主页文件index.html的编辑页面（edit），对网页内容进行修改，如图5-2所示。

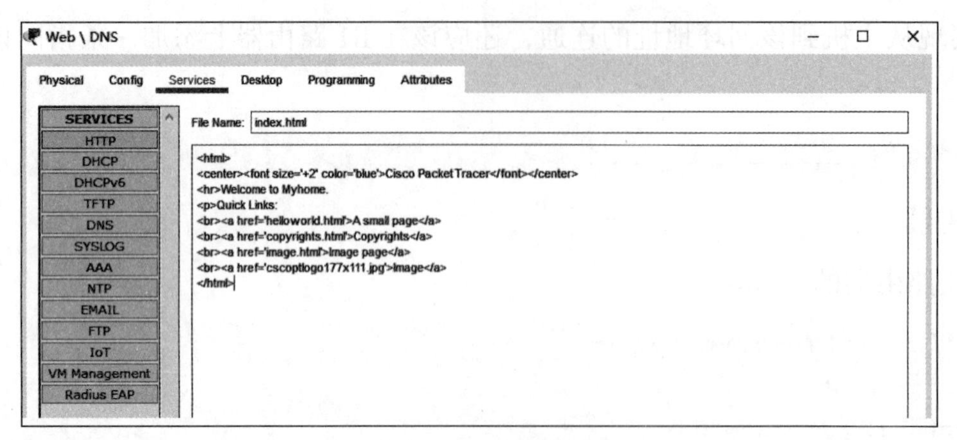

图 5–2　Web 编辑页面

在 DNS 服务器 Services → DNS 服务下，创建一条 DNS 映射记录，实现域名和 Web 服务器 IP 地址的绑定，如图 5–3 所示。

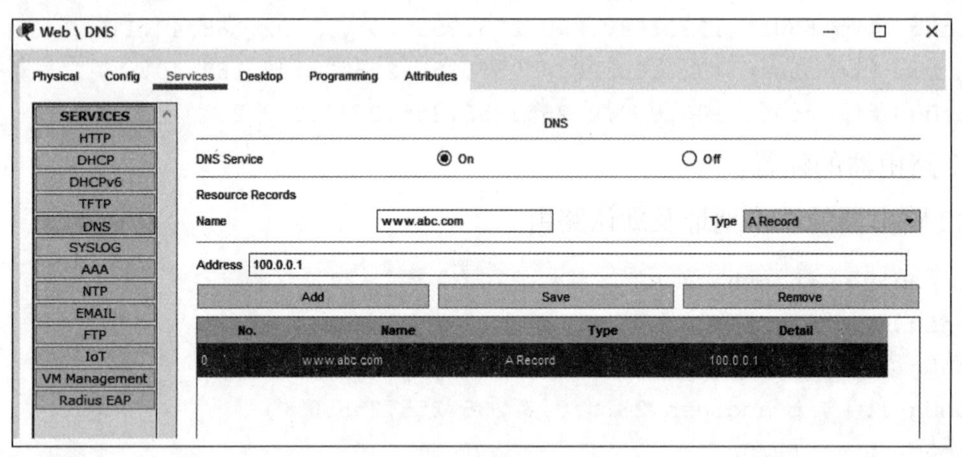

图 5–3　创建 DNS 记录

6. 验证

（1）查看各三层设备的路由表信息，如图 5–4~ 图 5–6 所示。可以看出各个设备上都有多条静态路由表，读者也可以使用动态路由的方法完成。

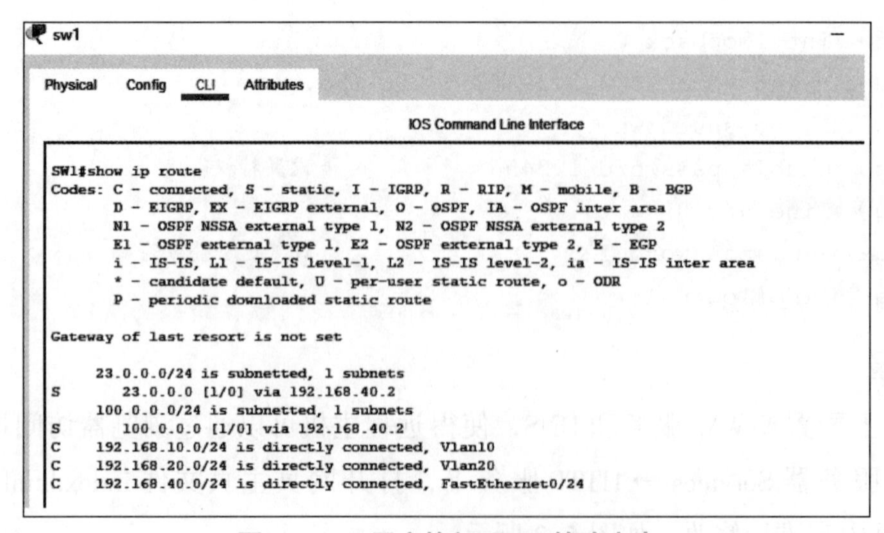

图 5–4　三层交换机 SW1 的路由表

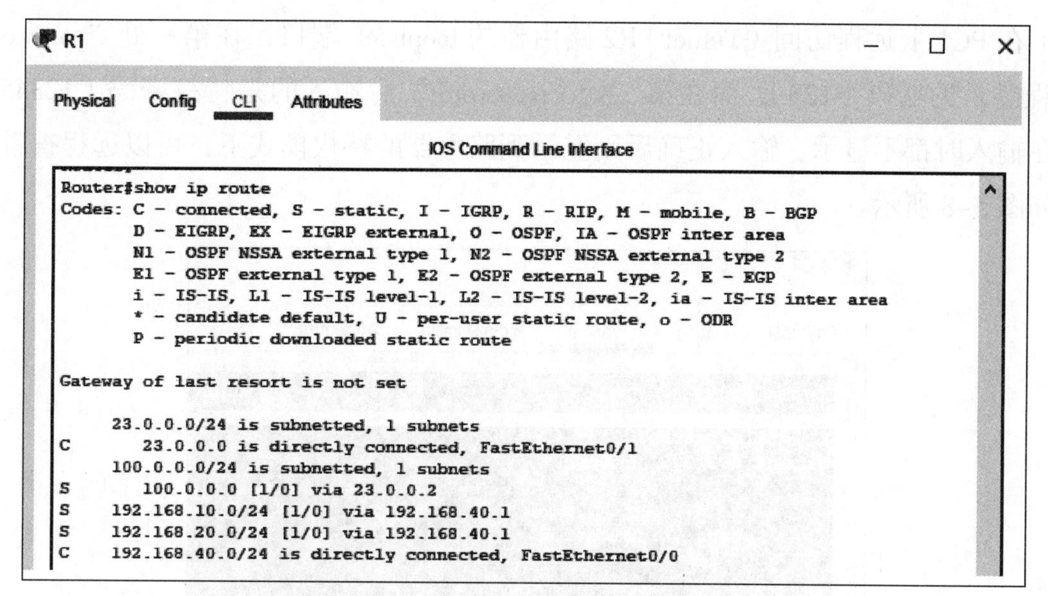

图 5–5　路由器 R1 的路由表

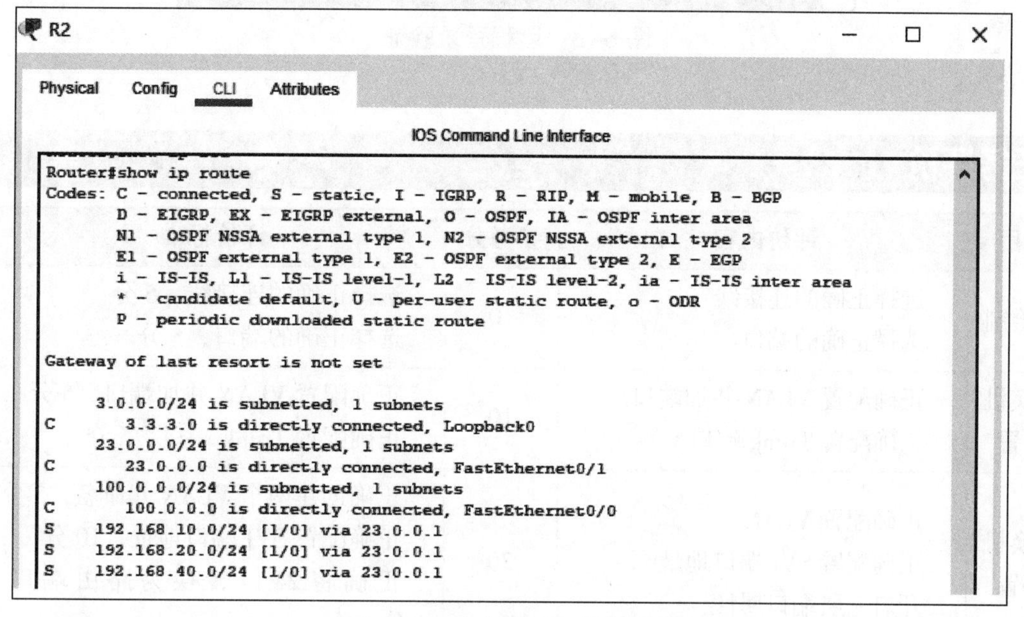

图 5–6　路由器 R2 的路由表

（2）在主机 PC1 中通过域名 www.abc.com 访问 Web 服务器，如图 5–7 所示。

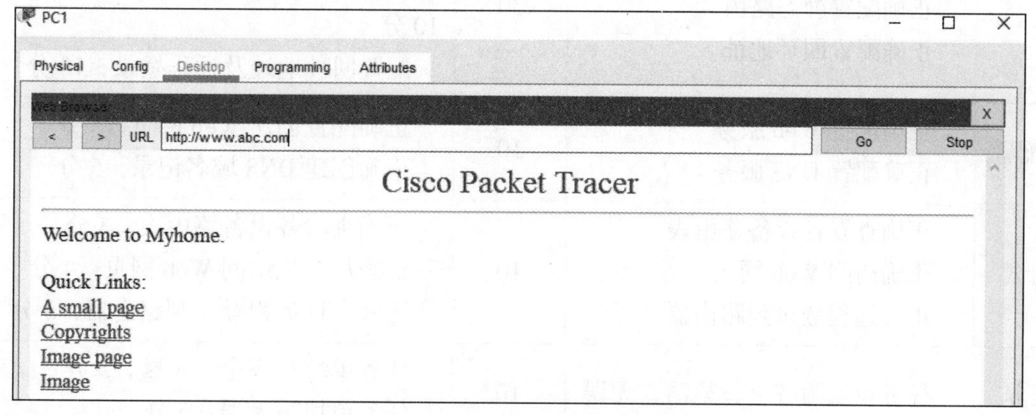

图 5–7　主机访问 Web 服务器

（3）在 PC1 上远程访问（Telnet）R2 路由器的 loopback 端口，在第一处“password:”后输入远程登录的密码（123），而在第二处“password:”后输入的是特权密码（123456），两个密码在输入时都不显示，输入正确后则登录到路由器的特权模式下，可以远程查看控制该设备，如图 5-8 所示。

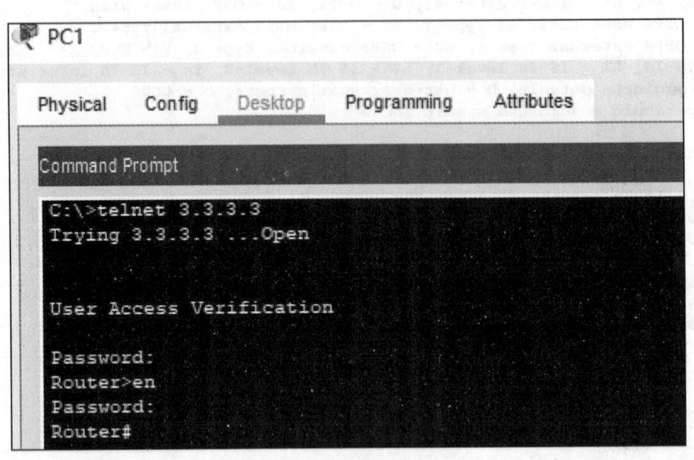

图 5-8　远程登录验证

四、任务评价

评价项目	评价内容	参考分	评价标准	得分
拓扑图绘制	选择正确的连接线 选择正确的端口	10	选择正确的连接线，5 分 选择正确的端口，5 分	
二层交换机命令配置	正确配置 VLAN 并加端口 正确配置 Trunk 端口	10	正确配置 VLAN 并加端口，5 分 正确配置 Trunk 端口，5 分	
三层交换机命令配置	正确配置 VLAN 正确配置 SVI 端口地址 开启三层端口属性	20	正确创建两个 VLAN 并命名，5 分 正确配置 SVI 端口地址，10 分 正确将 24 口转换为路由端口，5 分	
路由器命令配置	正确配置路由器端口地址 正确配置静态路由 正确配置回环地址	30	配置两个路由器端口地址，10 分 配置两个路由器的静态路由，10 分 配置回环地址及远程登录，10 分	
服务器配置	正确配置 Web 服务 正确配置 DNS 服务	10	正确配置创建 Web 网页，5 分 正确创建 DNS 域名记录，5 分	
验证测试	正确查看各设备路由表 正确访问 Web 网页 正确远程登录到路由器	10	正确查看各设备路由表，3 分 正确从主机访问 Web 网页，4 分 正确实现远程登录到路由器，3 分	
职业素养	任务单填写齐全、整洁、无误	10	任务单填写齐全、工整，5 分 任务单填写无误，5 分	

五、相关知识

1.Web 和 DNS 服务器

Web 服务器也称为 WWW（World Wide Web）服务器，主要功能是提供网上信息浏览服务。WWW 是 Internet 的多媒体信息查询工具，是 Internet 上近年才发展起来的服务，也是发展最快和目前用得最广泛的服务。Web 服务器使用 HTTP 协议传输数据，采用 HTML 文档格式来编写网页文件内容，在浏览器上使用统一资源定位器（URL）来访问指定的网站。

DNS 是 Domain Name System（计算机域名系统）的缩写，它由解析器和域名服务器组成。域名服务器是保存有该网络中所有主机的域名和对应 IP 地址，并具有将域名转换为 IP 地址功能的服务器。其中域名必须对应一个 IP 地址，而 IP 地址不一定有域名。

作为物理设备的服务器可以同时部署多个服务，也就是说可以将 WWW 服务和 DNS 服务同时部署在一台服务器上，当然也可以部署在不同的物理服务器上。

2. 远程访问（Telnet）服务

Telnet 协议是 TCP/IP 协议族中的一员，是 Internet 远程登录服务的标准协议和主要方式。它为用户提供了在本地计算机上完成远程主机工作的能力。在终端使用者的计算机上使用 Telnet 程序，用它连接到服务器。终端使用者可以在 Telnet 程序中输入命令，这些命令会在服务器上运行，就像直接在服务器的控制台上输入一样。可以在本地就能控制服务器。要开始一个 Telnet 会话，必须输入用户名和密码来登录服务器。Telnet 是常用的远程控制 Web 服务器的方法。

工单任务2　单出口企业网络

一、工作准备

想一想

1. 在配置单出口的拓扑图中应注意哪些问题？

2. 在配置时应按照什么结构（配置顺序）来进行配置，为什么？

二、任务描述

任务场景

通过合理的三层网络架构，实现用户接入网络的安全、快捷。为了保障网络的稳定性和拓扑快速收敛，在内网运行 OSPF 路由协议。R1 作为出口路由器，配置 NAT 功能，使内网用户能使用 R1 的 F1/0 的接口地址上网。为了实现资源的共享及信息的发布，将内网 Server 服务器的 Web 和 FTP 服务发布到互联网上，使用内网地址为 192.168.40.2，公网地址为出口地址。为了信息安全，不允许 VLAN 10 的用户访问服务器的 FTP 服务，不允许 VLAN 20 的用户访问服务器的 Web 服务，其他访问不受限制。

配置 AC 无线控制器，采用瘦 AP 模式，SSID 名称为 ZHSY_wifi，密码为 2008%com。无线用户所分配的地址为 192.168.50.0/24 网段，网关为 192.168.50.1，DNS 为 172.16.1.1，如图 5–9 所示。

施工拓扑

施工拓扑图如图 5–9 所示。

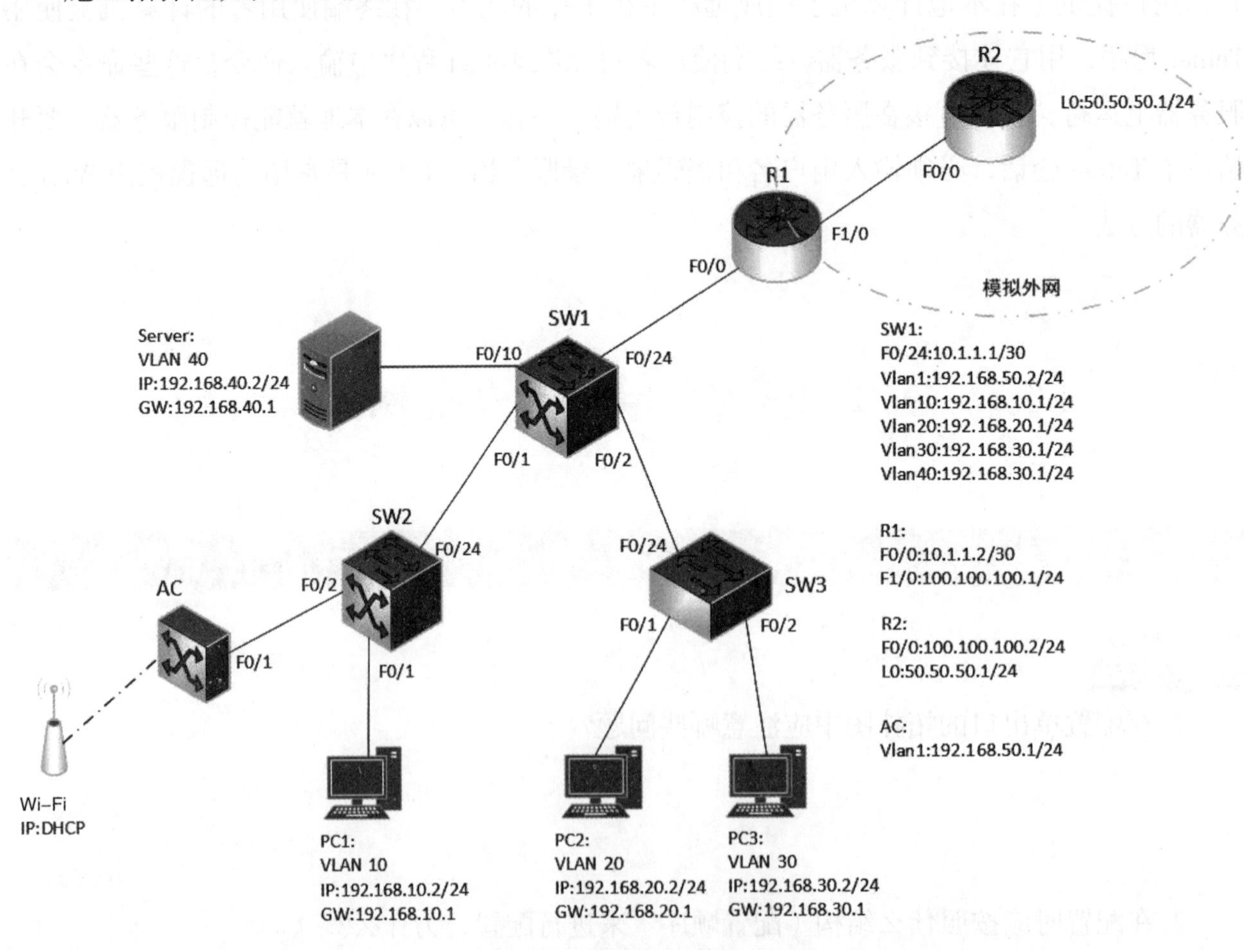

图 5–9 施工拓扑图

设备环境

实验所用设备都为神州数码设备，三层交换机（型号为 CS6200）2 台，二层交换机（型号为 S4600）1 台，无线 AP（型号为 7962AP）1 台，无线控制器 1 台（型号为 DCWS-6002），路由器（型号为 DCR-2655）2 台，计算机 3 台，服务器 1 台。

三、任务实施

1. 交换机配置

（1）在 SW1 上创建 VLAN、Trunk。

```
SW1（config）#vlan 10
SW1（config）#vlan 20
SW1（config）#vlan 30
SW1（config）#vlan 40
SW1（config）#int fastEthernet 0/10
SW1（config-if）#switchport access vlan 40
SW1（config）#int fastEthernet 0/1
SW1（config-if）#switchport mode trunk
SW1（config）#int fastEthernet 0/2
SW1（config-if）#switchport mode trunk
```

（2）在 SW2 上创建 VLAN、Trunk。

```
SW2（config）#vlan 10
SW2（config）#vlan 20
SW2（config）#vlan 30
SW2（config）#vlan 40
SW2（config）#int fastEthernet 0/1
SW2（config-if）#switchport access vlan 10
SW2（config）#int fastEthernet 0/2
SW2（config-if）#switchport mode trunk
SW2（config）#int fastEthernet 0/24
SW2（config-if）#switchport mode trunk
```

（3）在 AC 上创建 VLAN、Trunk。

```
AC（config）#vlan 50
AC（config）#int fastEthernet 0/1
AC（config-if）#switchport mode trunk
```

（4）在 SW3 上创建 VLAN、Trunk。

```
SW3（config）#vlan 10
SW3（config）#vlan 20
```

```
SW3(config)#vlan 30
SW3(config)#vlan 40
SW3(config)#int fastEthernet 0/1
SW3(config-if)#switchport access vlan 20
SW3(config)#int fastEthernet 0/2
SW3(config-if)#switchport access vlan 30
SW3(config)#int fastEthernet 0/24
SW3(config-if)#switchport mode trunk
```

2. 配置各设备的接口地址

(1) SW1 的配置。

```
SW1(config)#interface vlan 1
SW1(config-if)#ip address 192.168.50.2 255.255.255.0
SW1(config)#interface vlan 10
SW1(config-if)#ip address 192.168.10.1 255.255.255.0
SW1(config)#interface vlan 20
SW1(config-if)#ip address 192.168.20.1 255.255.255.0
SW1(config)#interface vlan 30
SW1(config-if)#ip address 192.168.30.1 255.255.255.0
SW1(config)#interface vlan 40
SW1(config-if)#ip address 192.168.40.1 255.255.255.0
SW1(config)#interface fastEthernet 0/24
SW1(config-if)#no switch
SW1(config-if)#ip address 10.1.1.1 255.255.255.252
```

(2) AC 的配置。

```
AC(config)#interface vlan 1
AC(config-if)#ip address 192.168.50.1 255.255.255.0
```

(3)R1 的配置。

```
R1(config)#interface fastEthernet 0/0
R1(config-if)#ip address 10.1.1.2 255.255.255.252
R1(config-if)#no shutdown
R1(config)#interface fastEthernet 1/0
R1(config-if)#ip address 100.100.100.1 255.255.255.0
R1(config-if)#no shutdown
```

(4)R2 的配置。

```
R2(config)#interface loopback 0
R2(config-if)#ip address 50.50.50.1 255.255.255.0
R2(config-if)#exit
R2(config)#interface fastEthernet 0/0
```

```
R2(config-if)#ip address 100.100.100.2 255.255.255.0
R2(config-if)#exit
```

3. 配置各设备的路由协议

(1)SW1 的配置。

```
SW1(config)#router ospf 100
SW1(config-router)#router-id 1.1.1.1
SW1(config-router)#network 10.1.1.0 0.0.0.3 area 0
SW1(config-router)#network 192.168.50.0 0.0.0.255 area 0
SW1(config-router)#network 192.168.10.0 0.0.0.255 area 0
SW1(config-router)#network 192.168.20.0 0.0.0.255 area 0
SW1(config-router)#network 192.168.30.0 0.0.0.255 area 0
SW1(config-router)#network 192.168.40.0 0.0.0.255 area 0
```

(2) R1 的配置。

```
R1(config)#ip route 0.0.0.0 0.0.0.0 100.100.100.2
R1(config)#router ospf 100
R1(config-router)#router-id 2.2.2.2
R1(config-router)#network 10.1.1.0 0.0.0.3 area 0
R1(config-router)#default-information-originate always  #向下行设备发送缺省路由
```

(3) AC 的配置。

```
AC(config)#router ospf 100
AC(config-router)#router-id 3.3.3.3
AC(config-router)#network 192.168.50.0 0.0.0.255 area 0
```

4. 配置 NAT

```
R1(config)#access-list 30 permit 192.168.10.0 0.0.0.255
R1(config)#access-list 30 permit 192.168.20.0 0.0.0.255
R1(config)#access-list 30 permit 192.168.30.0 0.0.0.255
R1(config)#access-list 30 permit 192.168.40.0 0.0.0.255
R1(config)#access-list 30 permit 192.168.50.0 0.0.0.255
R1(config)#ip nat inside source list 30 interface  fastEthernet 1/0 overload
R1(config)#interface fastEthernet 0/0
R1(config-if)#ip nat inside
R1(config-if)#exit
R1(config)#interface fastEthernet 1/0
R1(config-if)#ip nat outside
```

5. 配置无线

```
WS(config)# service dhcp
WS(config)#ip dhcp pool 1
WS(dhcp-1-config)#network-address 192.168.50.0 255.255.255.0
WS(dhcp-1-config)#default-router 192.168.50.1
WS(dhcp-1-config)#dns-server 172.16.1.1
WS(config)#wireless
WS(config-wireless)#enable
WS(config-wireless)#no auto-ip-assign
WS(config-wireless)#ap authentication none              # 配置 AP 验证模式为无须验证
WS(config-wireless)#discovery vlan-list 1               # 配置通过 VLAN1 做二层发现
WS(config-wireless)#static-ip 192.168.50.1              # 配置静态管理地址
WS(config)#wireless
WS(config-wireless)#network 1
WS(config-network)#ssid ZHSY_wifi                       # 配置无线的 SSID
WS(config-network)#security mode wpa-personal           # 设置无线用户验证方式
WS(config-network)#wpa versions wpa2                    # 设置 WPA 类型为 WPA2
WS(config-network)#wpa key 2008%com                     # 设置密钥为 2008%com
WS(config-wireless)#ap database 00-03-0F-81-60-D0       # 将 AP 注册进 AC 的数据库
WS(config-ap)#exit
WS(config-wireless)#ap profile 1
WS(config-ap-profile)#radio 1                           # 配置无线信道 radio 1
WS(config-ap-profile-radio)#vap 0
WS(config-ap-profile-vap)#enable
WS(config-ap-profile-vap)#network 1
WS(config-ap-profile-vap)#exit
```

6. 配置 NAT 映射，将内网服务映射到公网

```
R1(config)#ip nat inside source static tcp 192.168.40.2 80 100.100.100.1 80
# 映射 Web 到公网
R1(config)#ip nat inside source static tcp 192.168.40.2 20 100.100.100.1
20 # 映射 FTP 到公网
R1(config)#ip nat inside source static tcp 192.168.40.2 20 100.100.100.1 21
# 映射 FTP 到公网
```

7. 配置 ACL 实现限制访问

```
SW1(config)#access-list 101 deny Tcp 192.168.10.0 0.0.0.255 192.168.40.2
0.0.0.0 eq 20
SW1(config)#access-list 101 deny Tcp 192.168.10.0 0.0.0.255 192.168.40.2
0.0.0.0 eq 21
SW1(config)#access-list 101 permit ip any any
```

```
SW1(config)#access-list 102 deny 192.168.20.0 0.0.0.255 192.168.40.2 0.0.0.0 eq 80
SW1(config)#access-list 102 permit ip any any
SW1(config)#interface vlan 10
SW1(config-if)#ip access-group 101 in
SW1(config)#interface vlan 20
SW1(config-if)#ip access-group 102 in
```

8. 验证测试

（1）查看 SW1 路由表。

```
Codes: C - connected, S - static, I - IGRP, R - RIP, M - mobile, B - BGP
D - EIGRP, EX - EIGRP external, O - OSPF, IA - OSPF inter area
N1 - OSPF NSSA external type 1, N2 - OSPF NSSA external type 2
E1 - OSPF external type 1, E2 - OSPF external type 2, E - EGP
i - IS-IS, L1 - IS-IS level-1, L2 - IS-IS level-2, ia - IS-IS inter area
* - candidate default, U - per-user static route, o - ODR
P - periodic downloaded static route
Gateway of last resort is not set
O*   0.0.0.0/0 [110/1] via 10.1.1.2 , 00:22:46 , FastEthernet 0/24
C     10.1.1.0/30 is directly connected, FastEthernet 0/24
C     10.1.1.1/32 is local host.
C     192.168.10.0/24 is directly connected, VLAN 10
C     192.168.10.1/32 is local host.
C     192.168.20.0/24 is directly connected, VLAN 20
C     192.168.20.1/32 is local host.
C     192.168.30.0/24 is directly connected, VLAN 30
C     192.168.30.1/32 is local host.
C     192.168.40.0/24 is directly connected, VLAN 40
C     192.168.40.1/32 is local host.
C     192.168.50.0/24 is directly connected, VLAN 50
C     192.168.50.2/32 is local host.
```

（2）查看 R1 路由表。

```
Codes: C - connected, S - static, I - IGRP, R - RIP, M - mobile, B - BGP
D - EIGRP, EX - EIGRP external, O - OSPF, IA - OSPF inter area
N1 - OSPF NSSA external type 1, N2 - OSPF NSSA external type 2
E1 - OSPF external type 1, E2 - OSPF external type 2, E - EGP
i - IS-IS, L1 - IS-IS level-1, L2 - IS-IS level-2, ia - IS-IS inter area
* - candidate default, U - per-user static route, o - ODR
P - periodic downloaded static route
Gateway of last resort is not set
```

```
S*   0.0.0.0/0 [1/0] via 100.100.100.2
C     10.1.1.0/30 is directly connected, FastEthernet 0/24
C     10.1.1.2/32 is local host.
O    192.168.10.0/24 [110/2] via 10.1.1.1, 00:17:37, FastEthernet0/0
O    192.168.20.0/24 [110/2] via 10.1.1.1, 00:17:39, FastEthernet0/0
O    192.168.30.0/24 [110/2] via 10.1.1.1, 00:17:41, FastEthernet0/0
O    192.168.40.0/24 [110/2] via 10.1.1.1, 00:17:48, FastEthernet0/0
O    192.168.50.0/24 [110/2] via 10.1.1.1, 00:17:55, FastEthernet0/0
```

查看 SW1 和 R1 的路由表，从输出的结果来看，路由表各路由条目齐全。其中在 SW1 上有一条默认路由是通过 R1 的 OSPF 发布学到的。

（3）验证无线配置。

```
C:\Users\Administrator>ipconfig
Windows IP Configuration
Wireless Ethernet adapter 以太网:
Connection-specific DNS Suffix :
IPv4 Address. . . . . . . . . . . : 192.168.50.5
Subnet Mask . . . . . . . . . . . : 255.255.255.0
Lease Obtained. . . . . . . . . . : Monday, September 30, 2019 8:44:27 AM
Lease Expires . . . . . . . . . . : Tuesday, October 1, 2019 8:44:39 PM
Default Gateway . . . . . . . . . : 192.168.50.1
DHCP Server . . . . . . . . . . . : 192.168.50.1
DNS Servers . . . . . . . . . . . : 172.16.1.1
NetBIOS over Tcpip. . . . . . . . : Enabled
```

使用无线设备连接 Wi-Fi，用来获取 IP 地址。通过上面的输出结果显示，自动获取的地址为 192.168.50.5，网关为 192.168.50.1，DNS 地址为 172.16.1.1。

（4）验证 NAT 配置。

使用 PC1 ping R2 的回环口，并查看 NAT 转换。

```
R1#show ip nat translations
Pro   Inside global        Inside local        Outside local    Outside global
icmp  100.100.100.1:612    192.168.10.2:612     50.50.50.1       50.50.50.1
```

使用 PC2 ping R2 的回环口，并查看 NAT 转换。

```
R1#show ip nat translations
Pro   Inside global        Inside local        Outside local    Outside global
icmp  100.100.100.1:612    192.168.20.2:612     50.50.50.1       50.50.50.1
```

从转换条目来看，PC1 和 PC2 的主机都可以通过 100.100.100.1 这个地址上网。

四、任务评价

评价项目	评价内容	参考分	评价标准	得分
拓扑图绘制	选择正确的连接线 选择正确的端口	20	选择正确的连接线，10 分 选择正确的端口，10 分	
IP 地址设置	正确配置各设备接口地址	20	正确配置各设备接口地址，20 分	
设备命令配置	正确配置各设备名称 正确配置路由 正确配置无线 正确配置 NAT 转换 正确配置 ACL	20	正确配置各设备名称，4 分 正确配置路由，4 分 正确配置无线，4 分 正确配置 NAT 转换，4 分 正确配置 ACL，4 分	
验证测试	无线获取正确的 IP 地址 NAT 转换条目正确 ACL 效果正确 内外网通信正常 会进行连通性测试	30	无线获取正确的 IP 地址，6 分 NAT 转换条目正确，6 分 ACL 效果正确，6 分 内外网通信正常 6 分 会进行连通性测试，6 分	
职业素养	任务单填写齐全、整洁、无误	10	任务单填写齐全、工整，5 分 任务单填写无误，5 分	

五、相关知识

1. 企业网的定位

（1）企业网是指覆盖企业和企业与分公司之间的网络，为企业的多种通信协议提供综合传送平台的网络。企业网应以多业务光传输网络为基础，实现语音、数据、图像、多媒体等的接入。

（2）企业网是企业内各部门的桥接区，主要完成接入网中的子公司和工作人员与企业骨干业务网络之间全方位的互通。因此电子商务公司企业网的定位应是为企业网应用提供多业务传送的综合解决方案。

2. 企业网络需求分析

为适应企业信息化的发展，满足日益增长的通信需求和网络的稳定运行，今天的企业网络建设比传统企业网络建设有更高的要求，本文将通过对如下几个方面的需求分析来规划出一套最适用于目标网络的拓扑结构。

（1）稳定可靠需求。现代大型企业的网络应具有更全面的可靠性设计，以实现网络通信的实时畅通，保障企业生产运营的正常进行。随着企业各种业务应用逐渐转移到计算机网络上来，网络通信的无中断运行已经成为保证企业正常生产运营的关键。现代大型企业网络在可靠性设计方面主要应从以下 3 个方面考虑。

①设备的可靠性设计：不仅要考察网络设备是否实现了关键部件的冗余备份，还要从网络设备整体设计架构、处理引擎种类等多方面去考察。

②业务的可靠性设计：网络设备在故障倒换过程中，是否对业务的正常运行有影响。

③链路的可靠性设计：以太网的链路安全来自多路径选择，所以在企业网络建设时，要考虑网络设备是否能够提供有效的链路自愈手段，以及快速重路由协议的支持。

（2）服务质量需求。现代大型企业网络需要提供完善的端到端 QoS 保障，以满足企业网多业务承载的需求。大型企业网络承载的业务不断增多，单纯的提高带宽并不能够有效地保障数据交换的畅通无阻，所以今天的大型企业网络建设必须要考虑到网络应能够智能识别应用事件的紧急和重要程度，如视频、音频、数据流（MIS、ERP、OA、备份数据），同时能够调度网络中的资源，保证重要和紧急业务的带宽、时延、优先级和无阻塞的传送，实现对业务的合理调度才是一个大型企业网络提供“高品质”服务的保障。

（3）网络安全需求。现代大型企业网络应提供更完善的网络安全解决方案，以阻击病毒和黑客的攻击，减少企业的经济损失。传统企业网络的安全措施主要是通过部署防火墙、IDS、杀毒软件，以及配合交换机或路由器的 ACL 来实现对病毒和黑客攻击的防御，但实践证明这些被动的防御措施并不能有效地解决企业网络的安全问题。在企业网络已经成为公司生产运营的重要组成部分的今天，现代企业网络必须要有一整套从用户接入控制、病毒报文识别到主动抑制的一系列安全控制手段，这样才能有效地保证企业网络的稳定运行。

（4）应用服务需求。现代大型企业网络应具备更智能的网络管理解决方案，以适应网络规模日益扩大，维护工作更加复杂的需要。当前的网络已经发展成“以应用为中心”的信息基础平台，网络管理能力的要求已经上升到了业务层次，传统的网络设备的智能已经不能有效支持网络管理需求的发展。例如，网络调试期间最消耗人力与物力的线缆故障定位工作，网络运行期间对不同用户灵活的服务策略部署、访问权限控制及网络日志审计和病毒控制能力等方面的管理工作，由于受网络设备功能本身的限制，都还属于费时、费力的任务。所以现代的大型企业网络迫切需要网络设备具备支撑“以应用为中心”的智能网络运营维护的能力，并能够有一套智能化的管理软件，将网络管理人员从繁重的工作中解脱出来。

3. 设备选型

1）总体思路

①根据客户的网络业务需求来选择相关的支撑技术。

②需要熟悉项目中各节点的吞吐量，如比较关键的出口设备和汇聚设备。

③根据合理性、实用性、可管理性和节约费用等原则进行设备选择。

2）交换设备选择

（1）核心交换机。部署在网络中心，主要负责办公网全网的高性能线速转发，实现服务器区、楼层接入区之间的互联。

选择三层交换机时的基本原则如下。

①分布式优于集中式。

②关注延时与延时抖动指标。

③性能稳定。

④安全可靠。

⑤功能齐全。

（2）接入层交换机。接入层作为用户终端接入的唯一接口，在为用户终端提供高速、方便的网络接入服务的同时，需要对用户终端进行访问行为规范控制，拒绝非法用户使用网络，保证合法用户合理使用网络资源，并有效防止和控制病毒传播和网络攻击。

由于考虑到要连接无线 AP，根据实际情况还需要选购带有 POE 功能的交换机。

3）无线设备选择

（1）无线 AP。选型依据如下。

①无线局域网中采用的各种网络设备必须符合中国移动相关设备技术规范。

②所支持的无线局域网技术标准、有效距离，以及其他辅助功能。

③AP 设备的选型应根据电气性能、机械性能、天线种类并结合经济性因素考虑。

企业网络中由于办公场所的分散性和楼体结构的特殊性应该采用信号强、穿墙能力好的无线 AP，由于接入交换机采用的是千兆以太网接口，因此无线接入设备必须具备千兆以太网接口，便于和接入交换机相连。

（2）无线 AC。企业网中无线 AC 需要满足大型企业园区 WLAN 接入、无线城域网覆盖、热点覆盖等无线场景的典型应用。

有线无线一体化交换机在支持对传统 802.11a/b/g AP 管理的同时，还可以基于 802.11n 协议的 AP 配合组网，从而提供相当于传统 802.11a/b/g 协议数倍的无线接入速率，能够覆盖更大的范围，使无线多媒体应用成为现实。

4）路由器选择

（1）宽带路由器 。应该根据企业网络的专线接入方式模式，选择相适应的产品和型号；CPU 处理能力强劲，闪存和内存较大；选择的路由器产品必须具备完善的安全性能。

（2）防火墙选择。防火墙的主要性能指标包括：①支持的最大 LAN 接口数；②协议、加密、认证支持；③访问控制；④防御功能；⑤提供实时入侵防范；⑥管理功能；⑦记录和报表功能。

4. IP 地址规划与设备命名

（1）设计原则。

① IP 地址资源应全网统一进行管理、分配。

② IP 地址分配应简单易于管理，体现网络层次。

③ IP 地址分配应具有一定的可扩展性。

④ IP 地址分配应具有连续性。

⑤ IP 地址分配应具有灵活性。

（2）IP 地址分配方案举例。

①采用 192.168.0.0/21 网段。

②按照部门进行 VLAN 规划。

③VLAN 命名规则是以部门名称每个字的头一个拼音字母组成，如营业厅的拼音是 yingyeting，每个字的头一个拼音字母是 YYT，这也是该部门所属 VLAN 的名称。

④网络设备的管理地址使用 192.168.0.0/25 网络。

⑤服务器区采用 192.168.0.128/25 网段。

⑥每个 VLAN 的网关为本网段最后一个 IP 地址，如表 5-2 所示。

表 5-2 VLAN 和 IP 地址规划表

楼层号	VLAN 号	VLAN 名称	部门	IP 地址段	可使用 IP 地址范围
1	10	MD	门店	192.168.1.0/21	192.168.1.1~192.168.1.254
2	20	XSB	销售部	192.168.2.0/25	192.168.2.1~192.168.2.126
2	30	JS	教室	192.168.2.128/25	192.168.2.129~192.168.2.254
3	40	KYB	科研部	192.168.3.0/25	192.168.3.1~192.168.3.126
3	50	HYS	会议室	192.168.3.128/25	192.168.3.129~192.168.3.254
4	60	RSB	人事部	192.168.4.0/25	192.168.4.1~192.168.4.126
5	70	HQB	后勤部	192.168.5.0/25	192.168.5.1~192.168.5.126
6	80	CWB	财务部	192.168.6.0/25	192.168.6.1~192.168.6.126
6	90	ZJL	总经理办公室	192.168.6.128/25	192.168.6.129~192.168.6.254
6	300	WLGL	网络管理	192.168.0.0/25	192.168.0.1~192.168.0.126

5. 网络设备及接口命名规则

所有网络设备的主机名格式为 A-B 型。

A：设备类型编码标志位。

例如：

R：路由器

CoreSW：核心交换机

ConSW：接入交换机

AP：无线接入点

AC：无线控制器

B：部门名称

RSB：人事部

六、课后练习

为 ×× 公司完成办公网网络设备选型及 IP 地址规划，具体环境如下。

（1）公司环境介绍。某公司规模比较大，第一栋大楼内有技术部、销售部、工程部、财务部，上网机约 200 台，第二栋大楼内同样有技术部、销售部、工程部、财务部，上网机约 150 台，如表 5-3 所示。

表 5-3　公司环境

楼宇位置	A 栋	B 栋
楼宇间距离	100 米	100 米
楼宇高度	3 层	5 层
楼层分配	分布在各个办公室中，技术部 80 台，销售部 50 台，工程部 50 台，财务部 20 台	分布在各个办公室中，技术部 60 台，销售部 40 台，工程部 30 台，财务部 20 台
计算机数量	200	150
设置部门	技术部、销售部、工程部、财务部	技术部、销售部、工程部、财务部

（2）网络功能需求。根据公司现有规模、业务需要及发展范围建立的网络有以下功能。

①组建公司自己的网站，可向外部发布消息，宣传公司产品，推广业务。

②要求公司各部门之间在数据访问时要相互独立，有自己部门的局域网，并且可以访问互联网（财务部不允许介入外网）。

③为了提高办公效率，实现信息共享。公司建立内网 OA 系统（办公自动化系统），管

理员工档案，发布业务计划，公布会议议程等。

请你作为公司的网络设计者，从公司的实际情况出发，对现有情况进行分析，选择合适的网络设备选型及 IP 地址规划。

项目小结

在做网络综合项目时，首先需要一个项目的总体规划。规划 IP 地址、设备选型、设备名称、端口描述等。根据项目需求选择合适的设备、传输介质，以及业务规划、VLAN、路由协议、出口等。要做好一个综合项目需要仔细斟酌每一个细节。

第4届金经昌中国青年规划师创新论坛

新常态·新应对

New Normal • New Response

金经昌中国青年规划师论坛组委会 编

第 4 届金经昌中国青年规划师创新论坛

主办单位

中国城市规划学会
同济大学
金经昌城市规划教育基金

承办单位

同济大学建筑与城市规划学院
上海同济城市规划设计研究院

协办单位

高密度区域智能城镇化协同创新中心
《城市规划学刊》编辑部
《城市规划》编辑部
中国城市规划学会学术工作委员会
中国城市规划学会青年工作委员会

前 言

当前，正是我国进入全面建成小康社会的决定性阶段，在“四个全面”的战略布局指导下，国家“一带一路”战略、长江经济带建设和新型城镇化规划，为我们提供了新的历史机遇。同时，我国也面临经济增速回落平稳，经济结构优化升级，发展动力由传统的要素驱动、投资驱动转向创新驱动的重大战略机遇期。新常态伴随着新矛盾、新问题，对新常态的适应力，取决于全面深化改革的力度，决定了中国未来的新契机、新发展。

在这一背景下，作为“政府调控城市空间资源、指导城乡发展与建设、维护社会公平、保障公共安全和公众利益的重要公共性政策之一”的城乡规划，也面临经济、政治、社会、环境、文化、技术等多方面外部条件的深刻变化。规划师作为城乡发展改革的思考者、探索者和创新者，将成为这个转型时期的见证者、实践者和主导者。

“金经昌中国青年规划师创新论坛”以“倡导规划实践的前沿探索、搭建规划创新的交流平台，彰显青年规划师的社会责任”为宗旨，由中国城市规划学会、同济大学、金经昌城市规划教育基金联合主办，同济大学建筑与城市规划学院、上海同济城市规划设计研究院承办，高密度区域智能城镇化协同创新中心、《城市规划学刊》编辑部、《城市规划》编辑部、中国城市规划学会学术工作委员会、中国城市规划学会青年工作委员会参与协办。作为常设论坛，论坛每年5月中旬在同济大学校庆期间举办。

借此，第4届“金经昌中国青年规划师创新论坛”以“新常态•新应对”为主题，“主题论坛”邀请王凯副院长、唐子来教授、赵城琦研究员、沈振江教授围绕城乡规划的新环境，展开多层面、多视角下的规划问题探讨的主旨报告。围绕这一主题，以区域统筹与乡村规划、城市设计与文化传承、城市更新与社区治理、技术创新与智能规划四个议题组织“创新论坛”，通过演讲、互动、讨论相结合，促成多层次、多领域的城乡规划师之间，共同探讨、深入交流新常态下的各类规划创新实践的得失。

论坛征稿采用单位推荐和个人报名的方式，得到了相关单位的大力支持和青年规划师的踊跃参与，共征集到111份报名参加演讲材料。论坛组委会组织同济大学建筑与城市规划学院教授、论坛主持人及相关策划人围绕各议题对所有提交材料进行评议，筛选确定21名参加各议题的讲演人名单。在论坛成功召开之际，组委会将部分演讲材料的主要观点汇编出版。在此特别感谢所有参与论坛的专家学者、单位以及青年规划师对本次论坛的大力支持，并欢迎对论坛提出宝贵意见和建议。

让我们一起努力，愿“金经昌中国青年规划师创新论坛”越办越好！

金经昌中国青年规划师论坛组委会

目 录

城市更新与社区治理 98

研究方法与技术创新 132

新常态·新应对